全国测绘地理信息职业教育教学指导委员会“十三五”推荐教材

测量平差实训指导书

主　编　张慧慧　董　山
副主编　王　旭

武汉理工大学出版社
·武　汉·

图书在版编目(CIP)数据

测量平差实训指导书/张慧慧,董山主编．—武汉:武汉理工大学出版社,2017.8
(2021.8 重印)
ISBN 978-7-5629-4658-8

Ⅰ．①测… Ⅱ．①张… ②董… Ⅲ．①测量平差－高等学校－教学参考资料 Ⅳ．①P207

中国版本图书馆 CIP 数据核字(2017)第 203712 号

项目负责人:汪浪涛　　责任编辑:陈　平
责任校对:刘　凯　　封面设计:一　尘
出版发行:武汉理工大学出版社
地　　址:武汉市洪山区珞狮路 122 号
邮　　编:430070
网　　址:http://www.wutp.com.cn
经　　销:各地新华书店
印　　刷:武汉市籍缘印刷厂
开　　本:787×1092　1/16
印　　张:7
字　　数:179 千字
版　　次:2017 年 8 月第 1 版
印　　次:2021 年 8 月第 3 次印刷
印　　数:2001～3000 册
定　　价:18.00 元

凡购本书,如有缺页、倒页、脱页等印装质量问题,请向出版社发行部调换。
本社购书热线:027-87515778　87515848　87785758　87165708(传真)

全国测绘地理信息职业教育教学指导委员会"十三五"推荐教材
编审委员会

出 版 说 明

教材建设是教育教学工作的重要组成部分，高质量的教材是培养高质量人才的基本保证。高职高专教材作为体现高职教育特色的知识载体和教学的基本条件，是教学的基本依据，是学校课程最具体的形式，直接关系到高职教育能否为一线岗位培养符合要求的高技术应用型人才。

伴随着国家建设的大力推进，高职高专测绘类专业近几年呈现出良好的发展势头，开办学校越来越多，毕业生就业率也在高职高专各专业中名列前茅。然而，由于测绘类专业是近些年才发展壮大起来的，而且开办这个专业需要很多的人力和设备资金投入，因此很多学校的办学实力和办学条件尚需提高，专业的教材建设问题尤为突出，主要表现在：缺少符合高职特色的"对口"教材；教材内容存在不足；教材内容陈旧，不适应知识经济和现代高新技术发展需要；教学新形式、新技术、新方法研究运用不够；专业教材配套的实践教材严重不足；各门课程所使用的教材自成体系，缺乏沟通与衔接；教材内容与职业资格证书制度缺乏衔接等。

我社在全国测绘地理信息职业教育教学指导委员会的指导和支持下，对全国三十多所开办测绘类专业的高职院校和多个测绘类企事业单位进行了调研，组织了近二十所开办测绘类专业的高职院校的骨干教师对高职测绘类专业的教材体系进行了深入系统的研究，编写出了这一套既符合现代测绘专业发展方向，又适应高职教育能力目标培养的专业教材，以满足高职应用型高级技术人才的培养需求。

这套教材既是我社"十三五"重点规划教材，也是全国测绘地理信息职业教育教学指导委员会"十三五"推荐教材，希望本套教材的出版能对该类专业的发展做出一点贡献。

武汉理工大学出版社

2015.2

前　言

为了贯彻培养应用能力的教学理念，突出实践技能的特点，本书针对测量平差课程教学中学生需要掌握的重点概念和基本计算内容，精编了对应的习题。该习题在吸取了原有同类教材成功经验的基础上，充分考虑高职高专学生目前的学习水平，在选题上力求加强基本概念、解决实际问题的综合能力的训练，设计了一定量的思考题和综合训练题。通过习题训练，学生能充分理解重点概念、掌握计算技能和技巧。

测量平差是测绘工程专业的基础课程。要掌握好这门课程，不仅需要平差理论知识的学习，更要注重测量误差处理实践能力的培养，特别是需要通过对大量的计算实例的计算，才能消化吸收平差的理论知识。本书主要包含测量误差理论、测量平差方法、测量平差应用、误差椭圆等知识点的相应习题，并且介绍了两种成熟的测量平差应用软件（平差易软件和科傻系统）。目的是为了提高学生计算数据的能力，使其掌握平差的计算与精度评定的主要方法。

本书由辽宁省交通高等专科学校张慧慧、辽宁工程技术大学董山任主编，辽宁林业职业技术学院王旭任副主编。全书由张慧慧负责统一修改、定稿。同时，在本书编写过程中参阅了大量的书籍和文献资料，引用了部分专家、学者的研究成果，在此表示感谢！

本书既可作为测量平差课程教学的配套教材，也可作为学习有关误差理论、进行数据处理、理解精度评定等内容的参考书。

由于编者水平有限，书中难免有错误与不当之处，恳切希望使用本教材的师生对本书提出宝贵意见。

编　者

2017 年 5 月 21 日

目　　录

1　测量误差理论

1.1　知　识　点

1.测量误差(Δ)＝真值－观测值。

2.误差来源包括仪器设备、观测者和外界环境。上述三方面元素综合起来称为观测条件。

3.误差分类:系统误差、偶然误差、粗差。

4.测量平差两大任务:求观测值的最或是值;评定测量成果的精度。

5.当仅含偶然误差时,被观测值的数学期望表示该观测值的真值,则有:

$$\Delta=E(L)-L$$

6.根据一组等精度独立真误差计算方差和中误差(本书中的中误差恒取正值)估值的基本公式为:

$$\hat{\sigma}^2=\frac{[\Delta\Delta]}{n},\hat{\sigma}=\sqrt{\frac{[\Delta\Delta]}{n}}$$

7.极限误差:

$$\Delta_{限}=2\sigma \text{ 或 } \Delta_{限}=3\sigma$$

8.相对误差:

$$K=\frac{\sigma}{L}=\frac{1}{N}$$

9.观测向量 $\boldsymbol{L}$ 的精度一般是用方差矩阵 $\boldsymbol{D}_{LL}$ 表示,其具体形式为:

$$\boldsymbol{D}_{LL}==\begin{bmatrix}\sigma_1^2 & \sigma_{12} & \cdots & \sigma_{1n}\\ \sigma_{21} & \sigma_2^2 & \cdots & \sigma_{2n}\\ \vdots & \vdots & & \vdots\\ \sigma_{n1} & \sigma_{n2} & \cdots & \sigma_n^2\end{bmatrix}$$

式中,主对角线上的元素为相应观测量的方差,表示其精度;其余元素为观测值相应的协方差,表示观测量之间的误差相关关系。如果协方差 $\sigma_{xy}=0$,表示这两个(或两组)观测值为独立观测值;如果协方差不为零,则表示这两个(或两组)观测值为相关观测值。

10.协方差传播律

若有 $\boldsymbol{X}$ 的线性函数为:

$$Z=k_1X_1+k_2X_2+\cdots+k_nX_n+k_0$$

则误差传播定律为:

$$\boldsymbol{D}_{ZZ}=\boldsymbol{K}\boldsymbol{D}_{XX}\boldsymbol{K}^{\mathrm{T}}$$

$\boldsymbol{D}_{ZZ}$ 的标量形式为:

$$D_{ZZ}=\sigma_Z^2=k_1^2\sigma_1^2+k_2^2\sigma_2^2+\cdots+k_n^2\sigma_n^2+2k_1k_2\sigma_{12}+2k_1k_3\sigma_{13}+\cdots$$
$$+2k_1k_n\sigma_{1n}+\cdots+2k_{n-1}k_n\sigma_{n-1,n}$$

当 $\boldsymbol{X}$ 向量中的各分量 $X_i(i=1,2,\cdots,n)$ 两两独立时，它们之间的协方差 $\sigma_{ij}=0$，则有：

$$D_{ZZ}=\sigma_Z^2=k_1^2\sigma_1^2+k_2^2\sigma_2^2+\cdots+k_n^2\sigma_n^2$$

11. 非线性函数的线性化

若 $\underset{n,1}{\boldsymbol{Z}}$ 是观测值 $\underset{n,1}{\boldsymbol{X}}$ 的函数，一般形式为：

$$\boldsymbol{Z}=f(X_1,X_2,\cdots,X_n)$$

则：

$$\mathrm{d}\boldsymbol{Z}=(\frac{\partial f}{\partial X_1})_0\mathrm{d}X_1+(\frac{\partial f}{\partial X_2})_0\mathrm{d}X_2+\cdots+(\frac{\partial f}{\partial X_n})_0\mathrm{d}X_n=\boldsymbol{K}\mathrm{d}\boldsymbol{X}$$

其中

$$\boldsymbol{K}=[k_1\quad k_2\quad\cdots\quad k_n]=\left[\left(\frac{\partial f}{\partial X_1}\right)_0\quad\left(\frac{\partial f}{\partial X_2}\right)_0\quad\cdots\quad\left(\frac{\partial f}{\partial X_n}\right)_0\right]$$

非线性函数的线性化即对非线性函数进行全微分。

12. 应用协方差传播律的步骤

（1）按要求写出函数式，如：

$$Z_i=f_i(X_1,X_2,\cdots,X_n)\quad(i=1,2,\cdots,t)$$

（2）如果为非线性函数，则对函数式求全微分，得

$$\mathrm{d}Z_i=(\frac{\partial f_i}{\partial X_1})_0\mathrm{d}X_1+(\frac{\partial f_i}{\partial X_2})_0\mathrm{d}X_2+\cdots+(\frac{\partial f_i}{\partial X_n})_0\mathrm{d}X_n\quad(i=1,2,\cdots,t)$$

（3）写成矩阵形式：

$$\boldsymbol{Z}=\boldsymbol{K}\boldsymbol{X}\quad 或\quad \mathrm{d}\boldsymbol{Z}=\boldsymbol{K}\mathrm{d}\boldsymbol{X}$$

（4）应用协方差传播律求中误差或协方差阵。

13. N 个同精度独立观测值的算术平均值的中误差，等于各观测值的中误差除以 $\sqrt{N}$，即

$$\sigma_x=\frac{\sigma}{\sqrt{N}}$$

14. 水准测量中计算高差中误差的基本公式

（1）当各测站高差的观测精度相同时，水准测量高差的中误差与测站数的平方根成正比，即

$$\sigma_{h_{AB}}=\sqrt{N}\sigma_{站}$$

（2）当各测站的距离大致相等时，水准测量高差的中误差与距离的平方根成正比，即

$$\sigma_{h_{AB}}=\sqrt{S}\sigma_{公里}$$

15. 点位方差的计算

$$\sigma_P^2=\sigma_s^2+\frac{s^2}{\rho^2}\sigma_\beta^2$$

式中，σ_s^2 通常称为纵向方差，它是由 BP 边长方差引起的。在 BP 边的垂直方向的方差 $\sigma_u^2=\frac{s^2}{\rho^2}\sigma_\beta^2$，$\sigma_u^2$ 称为横向方差，它是由 BP 边的坐标方位角的方差引起的。点位方差 σ_P^2 也可由 σ_s^2 和 σ_u^2 来计算，即 $\sigma_P^2=\sigma_s^2+\sigma_u^2$。

16. 权的定义

$$p_i=\frac{\sigma_0^2}{\sigma_i^2}$$

观测值的权与其方差成反比。

17. 水准测量的权

(1) 当各测站的观测高差是同精度时，各路线的权与测站数成反比，即

$$p_i=\frac{\sigma_0^2}{\sigma_i^2}=\frac{C}{N_i}$$

(2) 当每公里观测高差为同精度时，各路线观测高差的权与水准路线的长度成反比，即

$$p_i=\frac{\sigma_0^2}{\sigma_i^2}=\frac{C}{S_i}$$

18. 算术平均值的权

由不同次数的同精度观测值所算得的算术平均值，其权与观测次数成正比。

$$p_i=\frac{\sigma_0^2}{\sigma_i^2}=\frac{N_i}{C}\quad (i=1,2,\cdots,n)$$

19. 协因数及协因数传播律

协因数：

$$Q_{ii}=\frac{\sigma_i^2}{\sigma_0^2}$$

设有观测值向量 $\boldsymbol{X}$ 的线性函数：

$$\begin{cases}\boldsymbol{Z}=\boldsymbol{K}\boldsymbol{X}+\boldsymbol{K}_0\\ \boldsymbol{W}=\boldsymbol{F}\boldsymbol{X}+\boldsymbol{F}_0\end{cases}$$

则有：

$$\begin{cases}\boldsymbol{Q}_{ZZ}=\boldsymbol{K}\boldsymbol{Q}_{XX}\boldsymbol{K}^{\mathrm{T}}\\ \boldsymbol{Q}_{WW}=\boldsymbol{F}\boldsymbol{Q}_{XX}\boldsymbol{F}^{\mathrm{T}}\\ \boldsymbol{Q}_{ZW}=\boldsymbol{K}\boldsymbol{Q}_{XX}\boldsymbol{F}^{\mathrm{T}}\\ \boldsymbol{Q}_{WZ}=\boldsymbol{F}\boldsymbol{Q}_{XX}\boldsymbol{K}^{\mathrm{T}}\end{cases}$$

这就是观测值的协因数阵与其线性函数的协因数阵的关系式，通常称为协因数传播律，也称为权逆阵传播律。

20. 权倒数传播律

独立观测值的权倒数与其函数的权倒数之间的关系式为：

$$Q_{ZZ}=\frac{1}{p_Z}=\left(\frac{\partial f}{\partial L_1}\right)^2\frac{1}{p_1}+\left(\frac{\partial f}{\partial L_2}\right)^2\frac{1}{p_2}+\cdots+\left(\frac{\partial f}{\partial L_n}\right)^2\frac{1}{p_n}$$

21. 菲列罗公式

$$\hat{\sigma}_\beta=\sqrt{\frac{[ww]}{3n}}$$

式中，w 为三角形闭合差；$\hat{\sigma}_\beta$ 为测角中误差的估值。在传统的三角形测量中经常用它来初步评定测角的精度。

22. 同精度观测值中误差估值及其算术平均值中误差估值的计算公式分别为：

$$\hat{\sigma}_L=\frac{\hat{\sigma}_d}{\sqrt{2}}=\sqrt{\frac{[dd]}{2n}}$$

$$\hat{\sigma}_x=\frac{1}{2}\sqrt{\frac{[dd]}{n}}$$

1.2 习题训练 1

1. 什么叫测量误差？产生测量误差的原因有哪些？

2. 偶然误差、系统误差各自有什么特性？举出系统误差和偶然误差的例子各 5 个。

3. 试述粗差的特点及处理办法。

4. 用钢尺丈量距离，有下列几种情况使得结果产生误差，试分别判定误差的性质及符号：

(1)尺长不准确；

(2)尺不水平；

(3)估读小数不准确；

(4)尺垂曲；

(5)尺端偏离直线方向。

5. 在水准测量中，有下列几种情况使水准尺读数有误差，试分别判断误差的性质及符号：

(1)视准轴与水准轴不平行；

(2)仪器下沉；

(3)读数不准确；

(4)水准尺下沉。

6. 试述中误差、极限误差、相对误差的含义与区别。

7. 观测值函数的中误差与观测值中误差存在什么关系？

8. 已知两段距离的长度及中误差分别为 300.465 m±4.5 cm 及 660.894 m±4.5 cm，这两段距离的真误差是否相等？它们的精度是否相等？

9. 试述权与方差的区别与联系。

10. 在水准测量中，每一测站观测的中误差均为 3 mm，今要求从已知水准点推测待定点的高程中误差不大于 5 mm，最多只能设多少站？

11. 对于某一矩形场地，量得其长度 $a=156.34\ \text{m}\pm0.1\ \text{m}$，宽度 $b=85.27\ \text{m}\pm0.05\ \text{m}$，计算该矩形场地的面积 P 及其中误差 σ_P。

12. Z 为独立观测值 L_1、L_2、L_3 的函数，$Z=\frac{2}{9}L_1+\frac{2}{9}L_2+\frac{5}{9}L_3$，已知 L_1、L_2、L_3 的中误差分别为 $\sigma_1=3\ \text{mm}$，$\sigma_2=2\ \text{mm}$，$\sigma_3=1\ \text{mm}$，求函数 Z 的中误差 σ_Z。

13. 设有观测向量 $\underset{31}{\boldsymbol{X}}=[L_1\quad L_2\quad L_3]^{\mathrm{T}}$ 的协方差阵 $\underset{33}{\boldsymbol{D}_{XX}}=\begin{bmatrix}4 & -2 & 0\\ -2 & 9 & -3\\ 0 & -3 & 16\end{bmatrix}$，试写出观测值 L_1、L_2 和 L_3 的中误差及其协方差 $\sigma_{L_1L_2}$、$\sigma_{L_1L_3}$ 和 $\sigma_{L_2L_3}$。

14. 设有观测向量 $\underset{31}{\boldsymbol{L}}=[L_1\quad L_2\quad L_3]^{\mathrm{T}}$，其协方差阵为：

$$\boldsymbol{D}_{LL}=\begin{bmatrix}4 & 0 & 0\\ 0 & 3 & 0\\ 0 & 0 & 2\end{bmatrix}$$

分别求下列函数的方差：

(1)$F_1=L_1-3L_3$；

(2)$F_2=3L_2L_3$。

15. 设有观测值 $\boldsymbol{X}=[X_1 \quad X_2]^{\mathrm{T}}$ 的两组函数：

$\begin{bmatrix} Y_1=X_1-2X_2^2 \\ Y_2=2X_1^2+3 \end{bmatrix}$，已知 $\boldsymbol{D}_X=\begin{bmatrix} 2 & -1 \\ -1 & 2 \end{bmatrix}$，令 $\boldsymbol{Y}=[Y_1 \quad Y_2]^{\mathrm{T}}$，$\boldsymbol{Z}=[Z_1 \quad Z_2]^{\mathrm{T}}$，试求 $\boldsymbol{D}_Y$、$\boldsymbol{D}_Z$、$\boldsymbol{D}_{YZ}$。

16. 已知独立观测值 $\underset{2\times1}{\boldsymbol{L}}$ 的方差阵 $\boldsymbol{D}_L=\begin{bmatrix} 16 & 0 \\ 0 & 8 \end{bmatrix}$，其单位权方差 $\sigma_0^2=2$，试求权阵 $\boldsymbol{P}_L$ 及权 p_1 和 p_2。

17. 已知相关观测值 $\underset{2\times1}{\boldsymbol{L}}$ 的方差阵 $\boldsymbol{D}_L=\begin{bmatrix} 5 & -2 \\ -2 & 4 \end{bmatrix}$，其单位权方差 $\sigma_0^2=1$，试求权阵 $\boldsymbol{P}_L$ 及权 p_1 和 p_2。

18. 已知观测值向量 $\boldsymbol{L}$，其协因数阵为单位阵。有如下方程：

$$\boldsymbol{V}=\boldsymbol{BX}-\boldsymbol{L},\boldsymbol{B}^{\mathrm{T}}\boldsymbol{BX}-\boldsymbol{B}^{\mathrm{T}}\boldsymbol{L}=0,\boldsymbol{X}=(\boldsymbol{B}^{\mathrm{T}}\boldsymbol{B})^{-1}\boldsymbol{B}^{\mathrm{T}}\boldsymbol{L},\hat{\boldsymbol{L}}=\boldsymbol{L}+\boldsymbol{V}$$

式中，$\boldsymbol{B}$ 为已知的系数阵，$\boldsymbol{B}^{\mathrm{T}}\boldsymbol{B}$ 为可逆矩阵。试求协因数阵 $\boldsymbol{Q}_{XX}$、$\boldsymbol{Q}_{VV}$、$\boldsymbol{Q}_{\hat{L}\hat{L}}$。

19. 对 8 条边长作等精度两次观测，观测结果见表 1-1，取每条边两次观测的算术平均值作为该边的最或是值，求观测值中误差和每边最或是值的中误差。

表 1-1　边长等精度两次观测值数据表

编号	L'(m)	L''(m)	d(mm)	dd(mm^2)
1	103.478	103.482	−4	16
2	99.556	99.534	22	484
3	100.378	100.382	−9	81
4	101.763	101.742	21	441
5	103.350	103.343	7	49
6	98.885	98.876	9	81
7	101.004	101.014	−10	100
8	102.293	102.285	8	64

20. 如图 1-1 所示，已知 AB 方位角为 $45°12'30''\pm6''$，导线角 $\beta_1=40°18'20''\pm8''$，$\beta_2=256°40'46''\pm10''$，试求 CD 边方位角及其中误差。

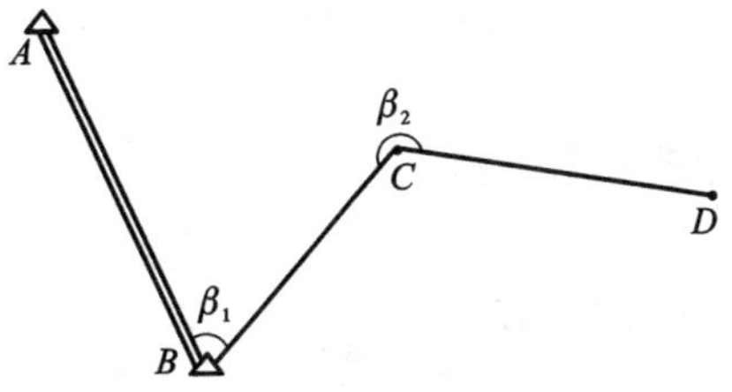

图 1-1　支导线

2 测量平差方法

2.1 知 识 点

1.必要观测数:$t=n-r$。其中,n 为总观测数,r 为多余观测数。

2.条件平差函数模型

(1)条件方程式

$$\underset{r,n}{\boldsymbol{A}}\,\underset{n,1}{\boldsymbol{V}}+\underset{r,1}{\boldsymbol{W}}=0$$

(2)法方程式

$$\boldsymbol{N}_{aa}\boldsymbol{K}+\boldsymbol{W}=0$$

其中

$$\boldsymbol{N}_{aa}=\boldsymbol{AQA}^{\mathrm{T}}=\boldsymbol{AP}^{-1}\boldsymbol{A}^{\mathrm{T}}$$

(3)法方程解算得

$$\boldsymbol{K}=-\boldsymbol{N}_{aa}^{-1}\boldsymbol{W}$$

(4)改正数计算公式

$$\boldsymbol{V}=\boldsymbol{P}^{-1}\boldsymbol{A}^{\mathrm{T}}\boldsymbol{K}=\boldsymbol{QA}^{\mathrm{T}}\boldsymbol{K}$$

(5)$\boldsymbol{V}^{\mathrm{T}}\boldsymbol{PV}$ 的计算

①$\boldsymbol{V}^{\mathrm{T}}\boldsymbol{PV}=(\boldsymbol{QA}^{\mathrm{T}}\boldsymbol{K})^{\mathrm{T}}\boldsymbol{P}(\boldsymbol{QA}^{\mathrm{T}}\boldsymbol{K})=\boldsymbol{K}^{\mathrm{T}}\boldsymbol{AQPQA}^{\mathrm{T}}\boldsymbol{K}=\boldsymbol{K}^{\mathrm{T}}\boldsymbol{N}_{aa}\boldsymbol{K}$

②$\boldsymbol{V}^{\mathrm{T}}\boldsymbol{PV}=\boldsymbol{V}^{\mathrm{T}}\boldsymbol{P}(\boldsymbol{QA}^{\mathrm{T}}\boldsymbol{K})=\boldsymbol{V}^{\mathrm{T}}\boldsymbol{PQA}^{\mathrm{T}}\boldsymbol{K}=(\boldsymbol{AV})^{\mathrm{T}}\boldsymbol{K}=-\boldsymbol{W}^{\mathrm{T}}\boldsymbol{K}=\boldsymbol{W}^{\mathrm{T}}\boldsymbol{N}_{aa}^{-1}\boldsymbol{W}$

$$\hat{\sigma}_0^2=\frac{\boldsymbol{V}^{\mathrm{T}}\boldsymbol{PV}}{r}=\frac{\boldsymbol{V}^{\mathrm{T}}\boldsymbol{PV}}{n-t}$$

$$\hat{\sigma}_0=\sqrt{\frac{\boldsymbol{V}^{\mathrm{T}}\boldsymbol{PV}}{r}}=\sqrt{\frac{\boldsymbol{V}^{\mathrm{T}}\boldsymbol{PV}}{n-t}}$$

(6)平差值函数的协因数

$$\boldsymbol{Q}_{\hat{\varphi}\hat{\varphi}}=\boldsymbol{F}^{\mathrm{T}}\boldsymbol{QF}-\boldsymbol{F}^{\mathrm{T}}\boldsymbol{Q}_{VV}\boldsymbol{F}=\boldsymbol{F}^{\mathrm{T}}(\boldsymbol{Q}-\boldsymbol{Q}_{VV})\boldsymbol{F}=\boldsymbol{F}^{\mathrm{T}}\boldsymbol{Q}_{\hat{L}\hat{L}}\boldsymbol{F}$$

或者

$$\begin{aligned}\boldsymbol{Q}_{\hat{\varphi}\hat{\varphi}}&=\boldsymbol{F}^{\mathrm{T}}\boldsymbol{QF}-\boldsymbol{F}^{\mathrm{T}}\boldsymbol{QA}^{\mathrm{T}}\boldsymbol{N}_{aa}^{-1}\boldsymbol{AQF}\\&=\boldsymbol{F}^{\mathrm{T}}\boldsymbol{QF}-(\boldsymbol{AQF})^{\mathrm{T}}\boldsymbol{N}_{aa}^{-1}(\boldsymbol{AQF})\end{aligned}$$

(7)条件平差计算步骤

①列条件方程式,列出 r 个改正数方程;

②组成法方程;

③解算法方程,计算出联系数向量 $\boldsymbol{K}$;

④计算平差值;

⑤检验,精度评定。

3.间接平差函数模型

(1)误差方程式

$$\boldsymbol{V}=\boldsymbol{B}\hat{\boldsymbol{x}}-\boldsymbol{l}$$

(2)法方程式

$$\boldsymbol{N}_{bb}\hat{\boldsymbol{x}}-\boldsymbol{W}=0$$

其中 $$\underset{t\times t}{\boldsymbol{N}_{bb}}=\boldsymbol{B}^{\mathrm{T}}\boldsymbol{P}\boldsymbol{B},\underset{t\times 1}{\boldsymbol{W}}=\boldsymbol{B}^{\mathrm{T}}\boldsymbol{P}\boldsymbol{l}$$

(3)参数改正数

$$\hat{\boldsymbol{x}}=\boldsymbol{N}_{bb}^{-1}\boldsymbol{W}$$

(4)$\boldsymbol{V}^{\mathrm{T}}\boldsymbol{P}\boldsymbol{V}$ 的计算

$$\begin{aligned}\boldsymbol{V}^{\mathrm{T}}\boldsymbol{P}\boldsymbol{V}&=(\boldsymbol{B}\hat{\boldsymbol{x}}-\boldsymbol{l})^{\mathrm{T}}\boldsymbol{P}(\boldsymbol{B}\hat{\boldsymbol{x}}-\boldsymbol{l})\\&=\hat{\boldsymbol{x}}^{\mathrm{T}}\boldsymbol{B}^{\mathrm{T}}\boldsymbol{P}\boldsymbol{B}\hat{\boldsymbol{x}}-\hat{\boldsymbol{x}}^{\mathrm{T}}\boldsymbol{B}^{\mathrm{T}}\boldsymbol{P}\boldsymbol{l}-\boldsymbol{l}^{\mathrm{T}}\boldsymbol{P}\boldsymbol{B}\hat{\boldsymbol{x}}+\boldsymbol{l}^{\mathrm{T}}\boldsymbol{P}\boldsymbol{l}\\&=(\boldsymbol{N}_{bb}^{-1}\boldsymbol{W})^{\mathrm{T}}\boldsymbol{N}_{bb}(\boldsymbol{N}_{bb}^{-1}\boldsymbol{W})-(\boldsymbol{N}_{bb}^{-1}\boldsymbol{W})^{\mathrm{T}}\boldsymbol{W}-\boldsymbol{W}^{\mathrm{T}}(\boldsymbol{N}_{bb}^{-1}\boldsymbol{W})+\boldsymbol{l}^{\mathrm{T}}\boldsymbol{P}\boldsymbol{l}\\&=\boldsymbol{l}^{\mathrm{T}}\boldsymbol{P}\boldsymbol{l}-\boldsymbol{W}^{\mathrm{T}}\boldsymbol{N}_{bb}^{-1}\boldsymbol{W}\\&=\boldsymbol{l}^{\mathrm{T}}\boldsymbol{P}\boldsymbol{l}-(\boldsymbol{N}_{bb}\hat{\boldsymbol{x}})^{\mathrm{T}}\hat{\boldsymbol{x}}\\&=\boldsymbol{l}^{\mathrm{T}}\boldsymbol{P}\boldsymbol{l}-\hat{\boldsymbol{x}}^{\mathrm{T}}\boldsymbol{N}_{bb}\hat{\boldsymbol{x}}\end{aligned}$$

(5)参数函数的中误差

$$\frac{1}{p_z}=\boldsymbol{F}^{\mathrm{T}}\boldsymbol{Q}_{\hat{X}\hat{X}}\boldsymbol{F},\sigma_z=\sigma_0\sqrt{\frac{1}{p_z}}$$

(6)间接平差计算步骤

①选定未知参数，选定 t 个独立量作为参数；

②列出误差方程，将 n 个观测值的平差值表示成所选未知参数的函数，整理出误差方程；

③组成法方程；

④解算法方程，求解未知参数；

⑤计算改正数，求出观测值的平差值；

⑥精度评定。

4. 平差的随机模型为：$\boldsymbol{D}=\sigma_0^2\boldsymbol{Q}=\sigma_0^2\boldsymbol{P}^{-1}$

2.2　习题训练 2

1. 测量平差的目的是什么？

2. 误差发现的必要条件是什么？

3. 几何模型的必要元素与什么有关？

4. 测量平差的函数模型和随机模型的作用分别是什么？

5. 何谓多余观测？测量中为什么要进行多余观测？

6. 在图 2-1 中，已知 A、B 点高程为 $H_A=62.222$ m，$H_B=61.222$ m，各高差观测值及相应的水准路线长度如下：

$$h_1=-1.003\ \mathrm{m},S_1=2\ \mathrm{km}$$
$$h_2=-0.500\ \mathrm{m},S_2=1\ \mathrm{km}$$
$$h_3=-0.501\ \mathrm{m},S_3=0.5\ \mathrm{km}$$

(1)试列出改正数条件方程；

(2)试按条件平差原理计算各段高差的平差值。

7. 在图 2-2 中，已知角度独立观测值及单位权中误差分别为：

$$L_1=69°03'14'',L_2=52°32'22'',L_3=301°35'42'',\sigma_0=5''$$

(1)试列出改正数条件方程；

(2)试按条件平差法求$\angle ACB$的平差值。

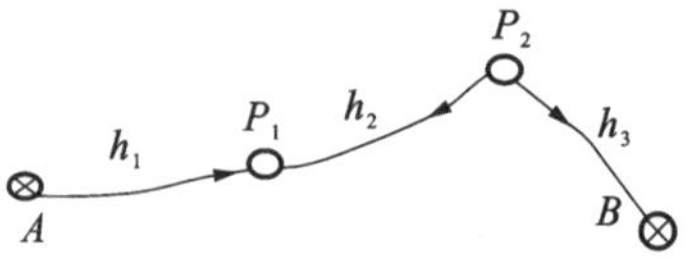

图 2-1　附合水准路线(1)

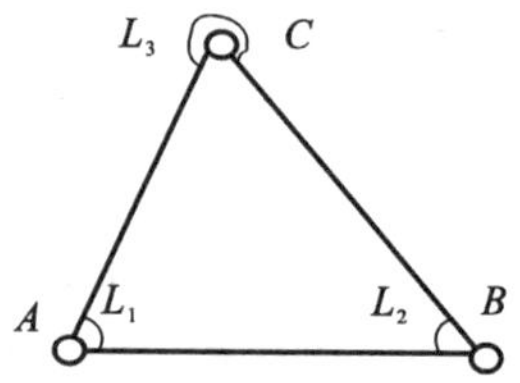

图 2-2　三角形观测(1)

8. 在图 2-3 中，同精度观测了角 α、β、γ、δ，试按条件平差法求 δ 角的平差值的计算式。

9. 在测站 A 点，同精度观测了三个角，如图 2-4 所示，其值分别为 $L_1=35°20'15''$，$L_2=65°19'27''$，$L_3=29°59'10''$，试按条件平差法求各角平差值。

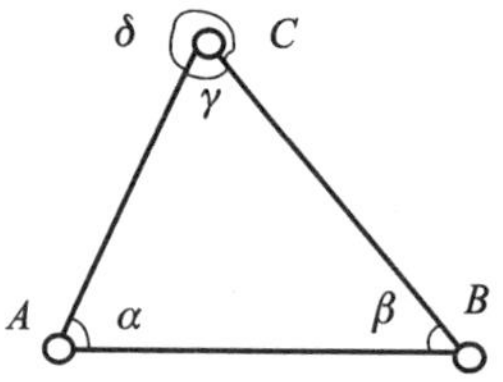

图 2-3　独立三角形

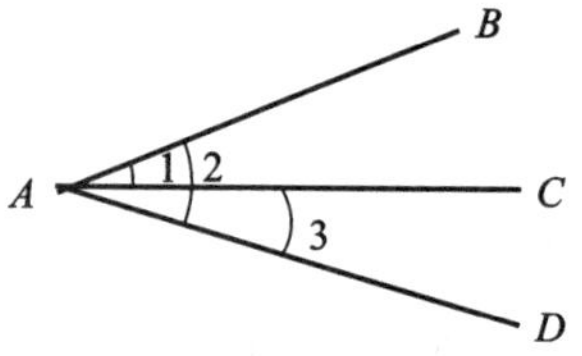

图 2-4　测站平差

10. 在图 2-5 中，A、B 点为已知水准点，其高程 $H_A=12.013$ m，$H_B=10.013$ m。为了确定 C 及 D 点高程，共观测了三个高差，各高差观测值及相应的水准路线长度分别为：

$$h_1=-1.004\ \text{m},S_1=2\ \text{km};h_2=1.504\ \text{m},S_2=1\ \text{km};h_3=2.512\ \text{m},S_3=2\ \text{km}$$

试分别按条件平差法和间接平差法求 C 和 D 点高程的平差值。

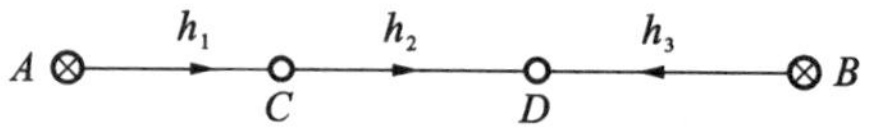

图 2-5　附合水准路线(2)

11. 在图 2-6 中，A、B、C、D 点在同一条直线上，为确定其间的三段距离，测出了距离 AB、BC、CD、AC 和 BD，相应的观测值分别为：

$$L_1=200.000\ \text{m},L_2=200.000\ \text{m},L_3=200.080\ \text{m},L_4=400.040\ \text{m},L_5=400.000\ \text{m}$$

设它们不相关且等精度。若分别取 AB、BC 及 CD 三段的距离为未知参数 X_1、X_2 和 X_3，试按间接平差法求 A、D 两点间的距离平差值。

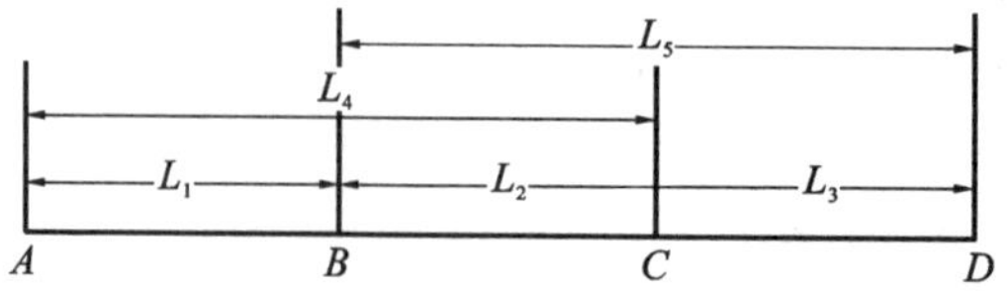

图 2-6　距离测量

12. 如图 2-7 所示，A 和 P 点为同等级三角点，PA 方向的方位角已知，在测站 P 上等精度测得的各方向的夹角观测值如下：

$$\alpha_{PA}=48°24'36'', L_1=55°32'16''$$

$$L_2=73°03'08'', L_3=126°51'28'', L_4=104°33'20''$$

试用条件平差法计算各观测值的平差值。

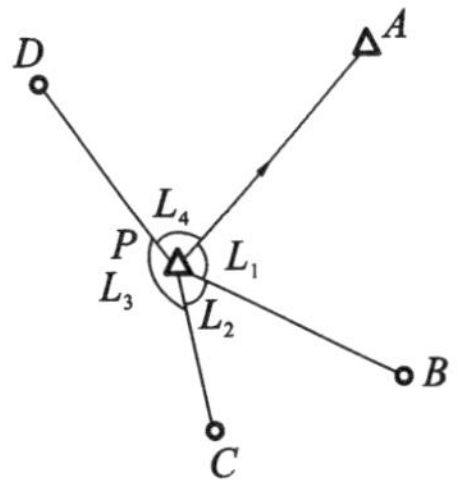

图 2-7 方向观测

13. 在图 2-8 的水准网中，P_1、P_2 及 P_3 点为待定点，测得各段水准路线高差及相应的水准路线长度分别为：

$$h_1=1.335\ \text{m}, S_1=2\ \text{km}$$

$$h_2=0.055\ \text{m}, S_2=2\ \text{km}$$

$$h_3=-1.396\ \text{m}, S_3=3\ \text{km}$$

若令 2 km 路线上的观测高差为单位权观测值，试用间接平差法求高差的平差值。

14. 在△ABC 中（图 2-9），测得不等精度观测值如下：

$$\beta_1=45°30'46'', \beta_2=67°22'10'', \beta_3=67°07'14'', p_{\beta_1}=1'', p_{\beta_2}=1.2'', p_{\beta_3}=1.8''$$

试按间接平差计算各角的平差值。

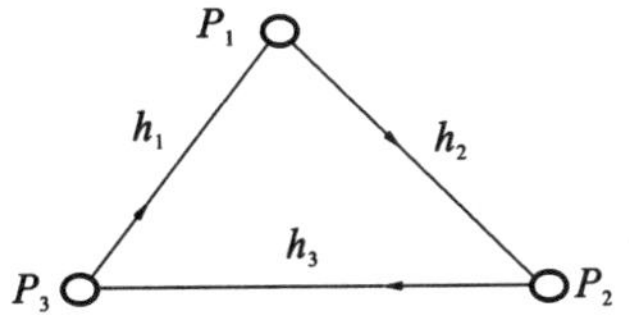

图 2-8 水准网(1)

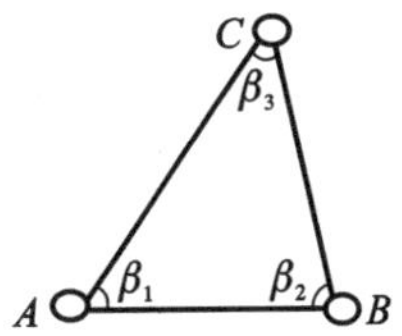

图 2-9 三角形观测(2)

15. 在图 2-10 中，由高程已知的水准点 A、B、C，向待定点 D 作水准测量。

各已知点高程分别为：

$$H_A=53.520\ \text{m}, H_B=54.818\ \text{m}, H_C=53.768\ \text{m}$$

各观测高差分别为：

$$h_1=3.476\ \text{m}, h_2=2.198\ \text{m}, h_3=3.234\ \text{m}$$

各路线长度分别为：

$$S_1=2\ \text{km}, S_2=1\ \text{km}, S_3=2\ \text{km}$$

试列出误差方程并确定未知点高程的中误差。

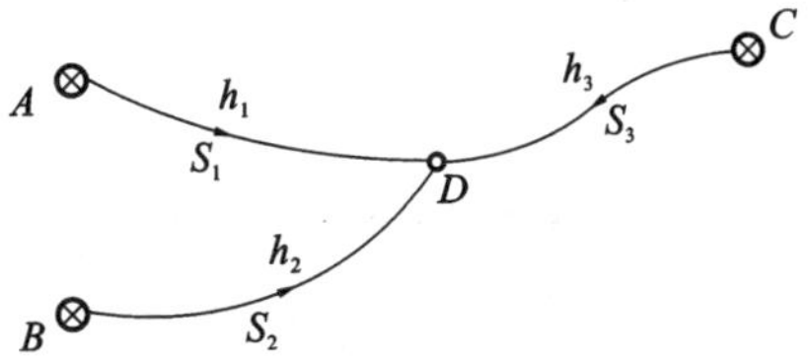

图 2-10 水准网(2)

3 测量平差应用

3.1 知 识 点

1. 水准测量条件平差必要观测数 t 的确定

(1)对于有已知点的水准网，必要观测个数 t 等于待定点个数 p，即 $t=p$；

(2)对于无已知点的水准网，必要观测个数 t 等于待定点个数 p 减 1，即 $t=p-1$。

2. 测角网条件方程式包括图形条件、圆周条件、极条件。

3. 测角网的必要观测个数 t 等于待定点个数 p 的 2 倍，即 $t=2p$。

4. 中点 n 边形的条件方程式个数为 $n+2$，包括 n 个图形条件，一个圆周条件，一个极条件。

5. 极条件线性化

$$\frac{\sin\hat{L}_1\sin\hat{L}_3\sin\hat{L}_5\sin\hat{L}_7}{\sin\hat{L}_2\sin\hat{L}_4\sin\hat{L}_6\sin\hat{L}_8}=1$$

线性化后为：

$$\cot L_1 v_1-\cot L_2 v_2+\cot L_3 v_3-\cot L_4 v_4+\cot L_5 v_5-\cot L_6 v_6+\cot L_7 v_7-\cot L_8 v_8+w_d=0$$

闭合差为：

$$w_d=(1-\frac{\sin L_2\sin L_4\sin L_6\sin L_8}{\sin L_1\sin L_3\sin L_5\sin L_7})\rho''$$

6. 角度观测值的误差方程

$$\begin{aligned}v_i=&\rho''\left(\frac{\sin\alpha_{jk}^0}{S_{jk}^0}-\frac{\sin\alpha_{jh}^0}{S_{jh}^0}\right)\hat{x}_j-\rho''\left(\frac{\cos\alpha_{jk}^0}{S_{jk}^0}-\frac{\cos\alpha_{jh}^0}{S_{jh}^0}\right)\hat{y}_j\\&-\rho''\frac{\sin\alpha_{jk}^0}{S_{jk}^0}\hat{x}_k+\rho''\frac{\cos\alpha_{jk}^0}{S_{jk}^0}\hat{y}_k+\rho''\frac{\sin\alpha_{jh}^0}{S_{jh}^0}\hat{x}_h-\rho''\frac{\cos\alpha_{jh}^0}{S_{jh}^0}\hat{y}_h-l_i\end{aligned}$$

7. 按坐标平差法列立角度误差方程的步骤为：

(1)选择待定点的坐标平差值为参数，计算各待定点的近似坐标 X^0、Y^0；

(2)由待定点近似坐标和已知点坐标计算各导线边的近似坐标方位角 α^0 和近似边长 S^0；

(3)计算系数和常数，列立角度误差方程。

8. 边长误差方程

$$v_i=-\cos\alpha_{jk}^0\hat{x}_j-\sin\alpha_{jk}^0\hat{y}_j+\cos\alpha_{jk}^0\hat{x}_k+\sin\alpha_{jk}^0\hat{y}_k-l_i$$

9. 单一附合导线的多余观测数始终是 3。

3.2 习题训练 3

1. 水准网一般分为哪两种布网形式？水准网的必要观测如何确定？

2. 独立测角网由哪些条件构成？测角网的必要观测如何确定？

3.对于单一导线而言，其条件方程的个数具有什么特点？

4.条件方程的列立应注意什么问题？

5.列立测角网（中点多边形与大地四边形）条件方程式具有什么样的规律？

6.极条件有什么特点？如何将极条件方程线性化？

7.水准网的条件平差中，条件方程的个数是多少？多余观测数与条件方程个数有怎样的关系？

8.水准网间接平差时，对选择的参数有什么要求？误差方程的个数由什么决定？它与参数的选择有无关系？

9.对水准网进行条件平差和间接平差时，如何求单位权中误差？如何求水准网平差值函数的中误差？

10.当平差问题中不存在多余观测时，由于观测量之间不产生条件方程式，而无法用条件平差法进行处理。这种情况可否用间接平差法处理呢？

11.怎样求平差值函数的中误差？

12.试列出图 3-1 中各水准网的平差值条件方程。

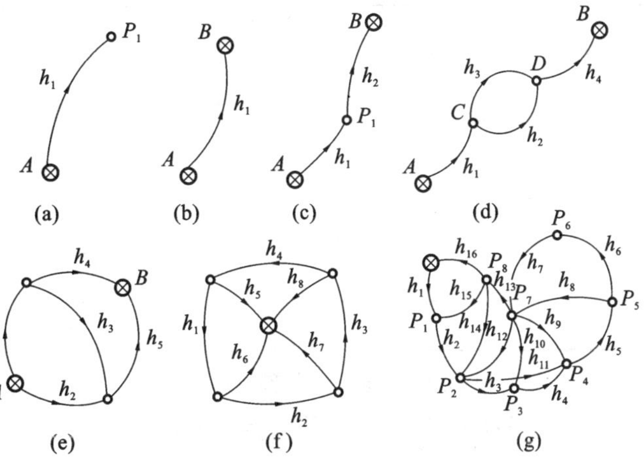

图 3-1　水准网示意图(1)

13.试列出图 3-2 中各水准网的改正数条件方程。

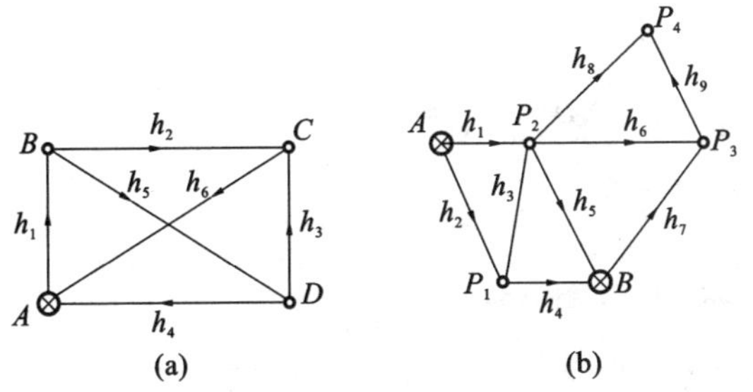

图 3-2　水准网示意图(2)

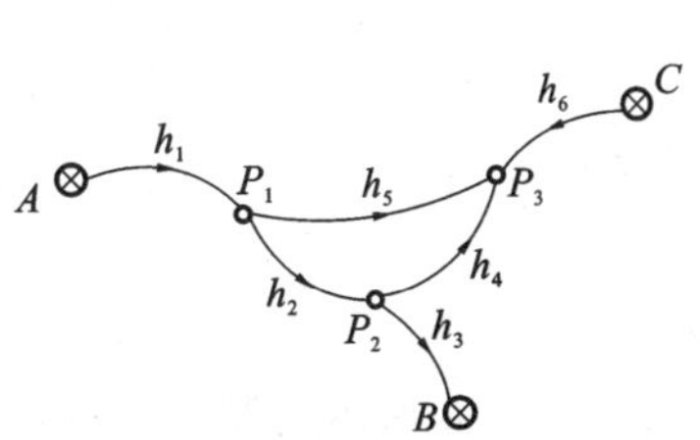

图 3-3　水准网示意图(3)

14.在图 3-3 的水准网中，已知以下条件：

高程：$H_A=5.000$ m、$H_B=8.691$ m、$H_C=6.152$ m

高差观测值和水准路线长度：$h_1=1.100$ m、$S_1=2$ km；$h_2=2.398$ m、$S_2=2$ km；$h_3=$

0.200 m、$S_3=1$ km；$h_4=1.000$ m、$S_4=2$ km；$h_5=3.404$ m、$S_5=2.5$ km；$h_6=3.352$ m、$S_6=2$ km

试用条件平差和间接平差两种方法计算各未知点的高程。

15. 图 3-4 所示为水准网图，其中 A、B、C 和 D 点为已知点，E、F 和 G 点是未知点，观测结果列于表 3-1 中。试用间接平差法求未知点 E、F 和 G 高程的最或是值，并计算其精度，及高差 h_{EF} 的中误差。

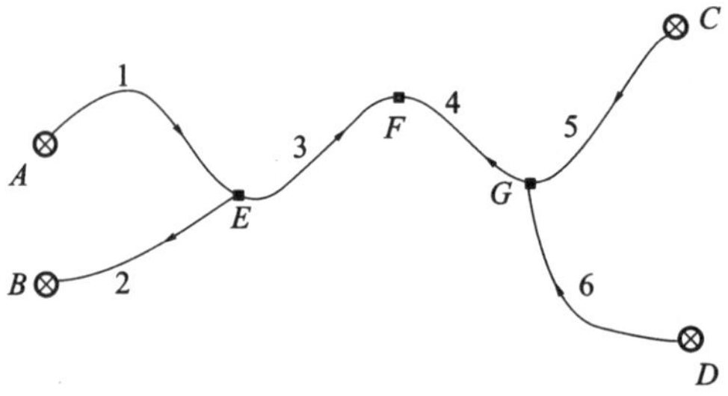

图 3-4 水准网示意图(4)

表 3-1 观测结果

已知点高程	编号	水准路线长度(km)	高差观测值(m)
$H_A=34.318$ m	1	4	8.228
$H_B=44.612$ m	2	4	2.060
$H_C=24.170$ m	3	2	1.515
$H_D=23.578$ m	4	4	7.477
	5	2	12.417
	6	2	13.000

16. 在图 3-5 中，A、B 点为已知水准点，其高程 $H_A=12.013$ m，$H_B=10.013$ m。为了确定 C、D 点高程，共观测了四段高差，高差观测值及相应的水准路线长度分别为：

$$h_1=-1.004\ \text{m}, S_1=2\ \text{km}, h_2=1.516\ \text{m}, S_2=1\ \text{km}$$

$$h_3=2.512\ \text{m}, S_3=2\ \text{km}, h_4=1.520\ \text{m}, S_4=1.5\ \text{km}$$

试按条件平差法求 C、D 点高程的平差值。

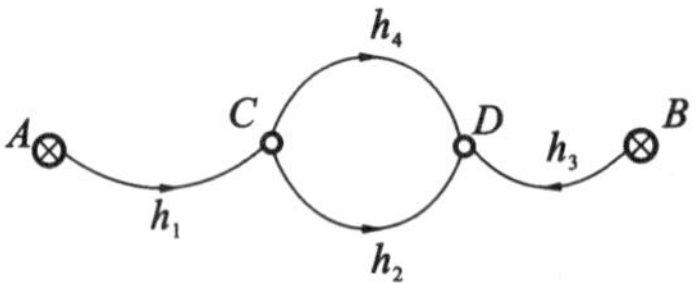

图 3-5 水准网示意图(5)

17. 在图 3-6 所示的测角网中，试判断各类条件数目并列出改正数条件方程。

18. 在图 3-7 所示的水准网中，A、B 和 C 点为已知水准点，为了确定 P_1 及 P_2 点高程，共观测了四个高差。已知点高程、高差观测值及相应的水准路线长度列于表 3-2 中。试根据间接平差法列立该水准网的误差方程。

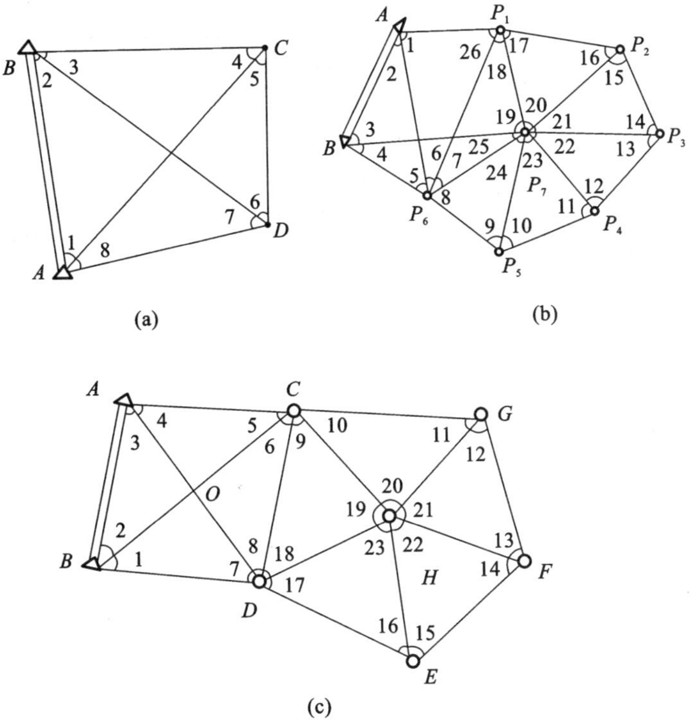

图 3-6 测角网示意图

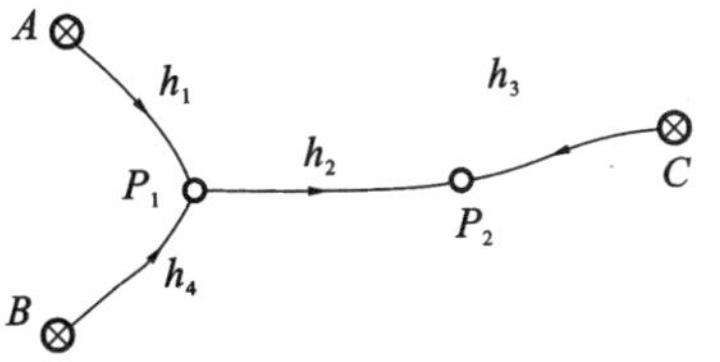

图 3-7 水准网示意图(6)

表 3-2 水准网已知点高程、观测高差表

水准路线	1	2	3	4	已知点高程
高差观测值 h_i(m)	1.003	0.501	0.503	0.505	$H_A=11.000$ m, $H_B=11.500$ m $H_C=12.008$ m
水准路线长度(km)	1	2	2	1	

19.在图 3-8 所示的水准网中，A、B、C 三点为已知高程点，D、E 点为未知点，各高差观测值及相应的水准路线长度列于表 3-3 中。试用间接平差法计算未知点 D、E 的高程平差值及其中误差。

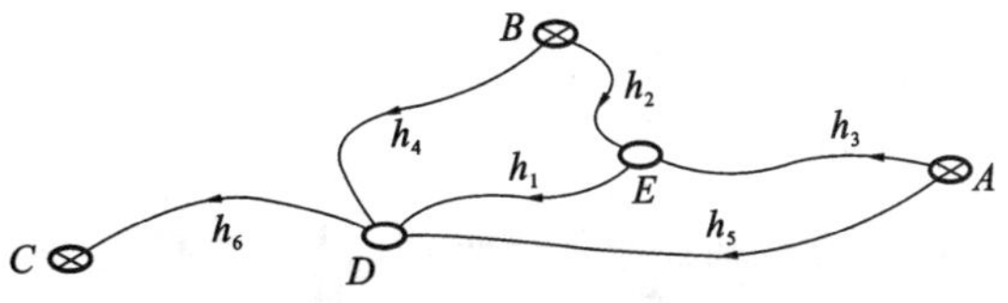

图 3-8 水准网示意图(7)

表 3-3　水准网数据表

高差观测值	水准路线长度(km)	已知点高程
$h_1=-1.348$ m	1	$H_A=23.000$ m $H_B=23.564$ m $H_C=23.663$ m
$h_2=0.691$ m	1	
$h_3=1.265$ m	1	
$h_4=-0.662$ m	1	
$h_5=-0.088$ m	1	
$h_5=0.763$ m	1	

4 误差椭圆

4.1 知识点

1. 点位真误差：观测值通过平差所求得的最或是点位 P' 点相对待定点的真位置 P 点的偏移量 Δ_P 称为 P 点的点位真误差，也叫“真位差”。

2. 点位误差：P 点真位差平方的理论平均值通常定义为 P 点的点位方差，并记为 σ_P^2，它总是等于两个相互垂直的方向上的坐标方差的和。

$$\sigma_P^2=\sigma_x^2+\sigma_y^2$$

3. 纵、横向误差：如果再将 P 点的真位差 Δ_P 投影于 AP 方向和垂直 AP 的方向上，则得 Δ_s 和 Δ_u，此时有 $\sigma_P^2=\sigma_s^2+\sigma_u^2$，$\sigma_s$ 称为纵向误差，σ_u 称为横向误差。

4. 求任意方位 φ 方向上的点位方差：

$$\sigma_\varphi^2=\sigma_x^2\cos^2\varphi+\sigma_y^2\sin^2\varphi+\sigma_{xy}\sin2\varphi$$

$$\sigma_\varphi^2=\sigma_0^2Q_{\varphi\varphi}=\sigma_0^2(Q_{xx}\cos^2\varphi+Q_{yy}\sin^2\varphi+Q_{xy}\sin2\varphi)$$

5. 待定点(P)至已知点(A)的边长中误差：

$$\sigma_{S_{PA}}^2=\sigma_{\alpha_{PA}}^2=\sigma_0^2(Q_{xx}\cos^2\alpha_{PA}+Q_{yy}\sin^2\alpha_{PA}+Q_{xy}\sin2\alpha_{PA})$$

6. 待定点至已知点的方位角中误差：

$$\sigma_u^2=\sigma_\varphi^2=\sigma_0^2(Q_{xx}\cos^2\varphi+Q_{yy}\sin^2\varphi+Q_{xy}\sin2\varphi)$$

7. 位差的极大值 E 和极小值 F 及极值方向

当 $Q_{xy}>0$ 时，极大值在第Ⅰ、Ⅲ象限($\tan\varphi_0>0$)；极小值在第Ⅱ、Ⅳ象限($\tan\varphi_0<0$)。

当 $Q_{xy}<0$ 时，极大值在第Ⅱ、Ⅳ象限($\tan\varphi_0<0$)；极小值在第Ⅰ、Ⅲ象限($\tan\varphi_0>0$)。

当 $Q_{xy}=0$，且 $Q_{xx}\neq Q_{yy}$ 时，若 $Q_{xx}>Q_{yy}$，则极大值方向为 0°(x 轴)；若 $Q_{xx}<Q_{yy}$，则极大值方向为 90°(y 轴)。

8. 位差极值的计算公式：

$$E^2=\sigma_0^2(Q_{xx}\cos^2\varphi_E+Q_{yy}\sin^2\varphi_E+Q_{xy}\sin2\varphi_E)$$

$$F^2=\sigma_0^2(Q_{xx}\cos^2\varphi_F+Q_{yy}\sin^2\varphi_F+Q_{xy}\sin2\varphi_F)$$

9. 计算位差极值的常用公式：

$$K=\sqrt{(Q_{xx}-Q_{yy})^2+4Q_{xy}^2}$$

$$E^2=\frac{1}{2}\sigma_0^2[(Q_{xx}+Q_{yy})+K]$$

$$F^2=\frac{1}{2}\sigma_0^2[(Q_{xx}+Q_{yy})-K]$$

$$\sigma_P^2=E^2+F^2$$

10. 用极值 E、F 表示任意方向 ψ 上的位差：

$$\sigma_\psi^2=E^2\cos^2\psi+F^2\sin^2\psi$$

11. 相对误差椭圆元素的三个公式：

$$Q_{\Delta x\Delta x}=Q_{x_ix_i}+Q_{x_kx_k}-2Q_{x_ix_k}$$

$$Q_{\Delta y\Delta y}=Q_{y_iy_i}+Q_{y_ky_k}-2Q_{y_iy_k}$$

$$Q_{\Delta x\Delta y}=Q_{x_iy_i}+Q_{x_ky_k}-Q_{x_iy_k}-Q_{x_ky_i}$$

$$\tan 2\varphi_0=\frac{2Q_{\Delta x\Delta y}}{Q_{\Delta x\Delta x}-Q_{\Delta y\Delta y}}$$

$$E^2=\frac{1}{2}\sigma_0^2\left[Q_{\Delta x\Delta x}+Q_{\Delta y\Delta y}+\sqrt{(Q_{\Delta x\Delta x}-Q_{\Delta y\Delta y})^2+4Q_{\Delta x\Delta y}}\right]$$

$$F^2=\frac{1}{2}\sigma_0^2\left[Q_{\Delta x\Delta x}+Q_{\Delta y\Delta y}-\sqrt{(Q_{\Delta x\Delta x}-Q_{\Delta y\Delta y})^2+4Q_{\Delta x\Delta y}}\right]$$

4.2　习题训练 4

1. 何谓点位真误差、点位方差？

2. 何谓纵向误差、横向误差？

3. 何谓误差曲线？在误差曲线图上可以求出哪些量的中误差？

4. 简述误差椭圆与相对误差椭圆的区别与联系。

5. 如何绘制相对误差椭圆？与绘制误差椭圆区别在哪里？

6. 某控制网中只有一个待定点，设待定点的坐标为未知数，进行间接平差，其法方程为：

$$\begin{bmatrix}1.287 & 0.411\\0.411 & 1.762\end{bmatrix}\begin{bmatrix}x\\y\end{bmatrix}+\begin{bmatrix}0.534\\-0.394\end{bmatrix}=0\text{（系数阵的单位是}''^2/\text{dm}^2\text{）}$$

且已知 $\boldsymbol{l}^{\mathrm{T}}\boldsymbol{P}\boldsymbol{l}=4''$，多余观测数为 2。试求出待定点误差椭圆的三个参数。

7. 设某三角网中有一个待定点 P 点，并设其坐标为未知参数，经平差后求得单位权方差 $\sigma_0^2=1''^2$，$\boldsymbol{Q}_{XX}=\begin{bmatrix}1.5 & 0.2\\0.2 & 1.5\end{bmatrix}$（其单位是$''^2/\text{dm}^2$），试求：

(1) P 点的位差的极值方向 φ_E 和 φ_F；

(2) 位差的极大值 E 与极小值 F，P 点的点位中误差；

(3) 若已算出过 P 点的 PM 方向的方位角 $\alpha_{PM}=30°$，且已知 $S_{PM}=3.150$ km，求 PM 边的边长相对中误差 σ_{PM}/S_{PM} 及方位角中误差 $\sigma_{\alpha_{PM}}$。

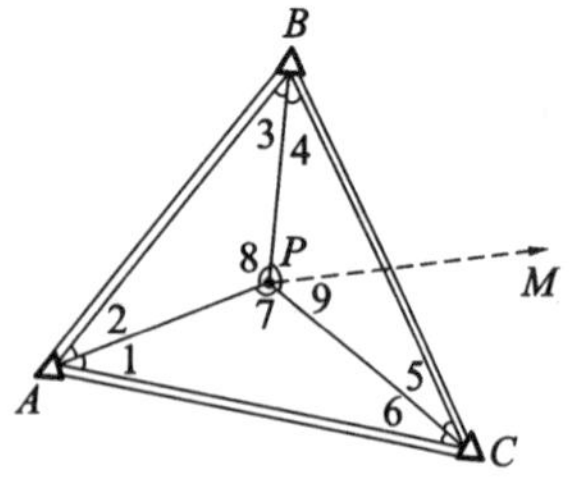

图 4-1　三角网示意图

8. 如图 4-1 所示，在固定三角形内插入一点 P，经过平差后得 P 点坐标的协因数阵为：

$$\begin{bmatrix}Q_{xx} & Q_{xy}\\Q_{yx} & Q_{yy}\end{bmatrix}=\begin{bmatrix}1.2277 & -0.2814\\-0.2814 & 0.9573\end{bmatrix}\ \text{cm}^2/''^2$$

单位权中误差为 $\sigma_0=5.08''$，试用两种方法求：

(1) 位差的极值方向 φ_E 和 φ_F；

(2) 位差的极大值 E 与极小值 F；

(3) 若已算出 PM 方向的方位角 $\alpha_{PM}=65°29'00''$，求 PM 方向上的位差；

(4) P 点的点位中误差。

9. 如图 4-2 所示，已知 $x_A=4578.67$ m，$y_A=3956.74$ m，$\alpha_{AB}=34°18'00''$。为确定 P 点的位置，做如下观测：$\beta=89°15'42''\pm4''$，$S=600.150$ m±10 mm。试用两种方法确定 P 点位差的极大值及其方向。

10. 在图 4-3 所示的测角网中，A、B、C 点为已知点，平差后求得待定点 P_1、P_2 的近似坐标，单位权中误差为 $\sigma_0=1.3''$，未知数的协因数阵为(其单位为 dm^2/$''^2$)：

$$\begin{bmatrix} 0.0121 & 0.0044 & 0.0023 & 0.0025 \\ 0.0044 & 0.0161 & 0.0024 & 0.0032 \\ 0.0023 & 0.0024 & 0.0117 & 0.0041 \\ 0.0025 & 0.0032 & 0.0041 & 0.0169 \end{bmatrix}$$

试求 P_1、P_2 点的误差椭圆及相对误差椭圆的三要素。

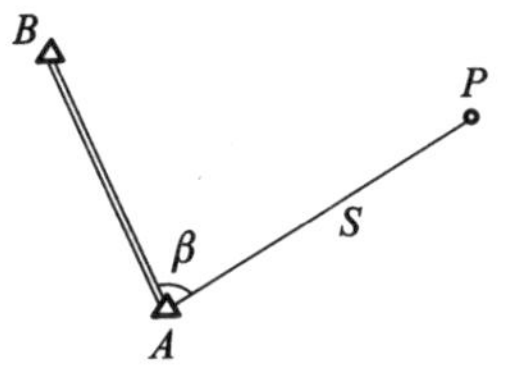

图 4-2　点观测示意图

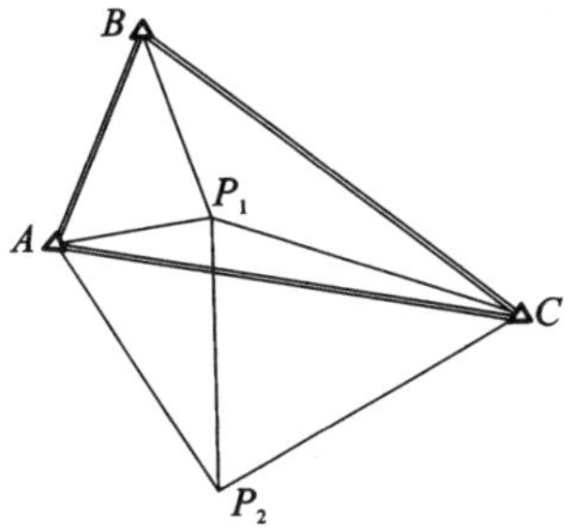

图 4-3　测角网示意图(1)

11. 图 4-4 所示为未知点 P 的误差曲线图(图中细线)和误差椭圆图(图中粗线)，A、B 点为已知点。

(1)试在误差曲线上作出平差后 PA 边的中误差，并说明；

(2)试在误差椭圆上作出平差后 PA 方位角的中误差，并说明；

(3)若点 P 的位差的极大值 $E=5$ mm，极小值 $F=2$ mm，且 $\varphi_F=52°$，试计算方位角为 102°的 PB 边的中误差。

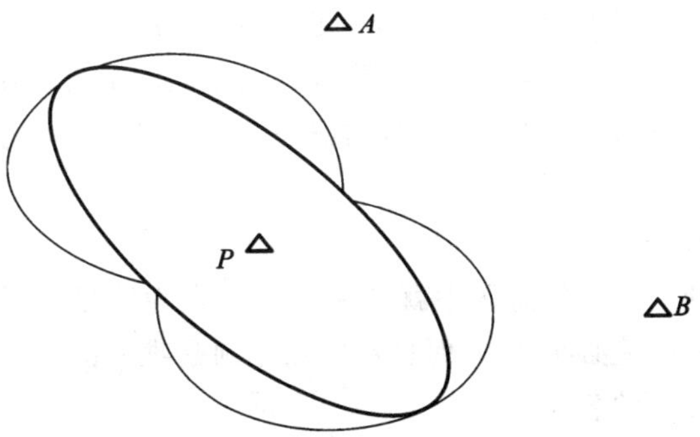

图 4-4　测角网示意图(2)

5 测量平差软件应用

5.1 知 识 点

1.平差易软件控制网平差

使用平差易软件进行控制网平差计算(具体见附录A),其操作流程如下:

①控制网数据录入;

②坐标推算;

③坐标概算;

④选择计算方案;

⑤闭合差计算与检核;

⑥平差计算;

⑦平差报告的生成和输出。

平差易控制网平差数据的手工输入步骤为:首先,在测站信息区中输入已知点信息(点名、属性、坐标)和测站点信息(点名);然后,在观测信息区中输入每个测站点的观测信息。

(1)测站信息的录入

①"序号":指已输测站点个数,它会自动叠加。

②"点名":指已知点或测站点的名称。

③"属性":用以区别已知点与未知点。00表示该点是未知点,10表示该点是平面坐标而无高程的已知点,01表示该点是无平面坐标而有高程的已知点,11表示该已知点既有平面坐标也有高程。

④"X、Y、H":分别指该点的纵、横坐标及高程("X"为纵坐标,"Y"为横坐标)。

⑤"仪器高":指该测站点的仪器高度,它只有在三角高程的计算中才使用。

⑥"偏心距、偏心角":指该点测站偏心时的偏心距和偏心角(不需要偏心改正时则可不输入数值)。

(2)观测信息的录入

当某测站点被选中时,观测信息区中就会显示当该点为测站点时所有的观测数据。第一个照准点即为定向,其方向值必须为0,而且定向点必须是唯一的。

①"照准名":指照准点的名称。

②"方向值":指观测照准点时的方向观测值。

③"观测边长":指测站点到照准点之间的平距(在观测边长中只能输入平距)。

④"高差":指测站点到观测点之间的高差。

⑤"垂直角":指以水平方向为零度时的仰角或俯角。

⑥"觇标高":指测站点观测照准点时的棱镜高度。

⑦"偏心距、偏心角、零方向角":指该点照准偏心时的偏心距和偏心角(不需要偏心改正时

则可不输入数值)。

⑧“温度”:指测站点观测照准点时的当地实际温度。

⑨“气压”:指测站点观测照准点时的当地实际气压(温度和气压只参与概算中的气象改正计算)。

2.科傻系统控制网平差

(1)控制网观测文件

①平面观测文件

平面观测文件结构如下:

Ⅰ
方向中误差1,测边固定误差1,比例误差1[,精度号1]
方向中误差2,测边固定误差2,比例误差2,精度号2
…,…,…,…
方向中误差 n,测边固定误差 n,比例误差 n,精度号 n
已知点点号,X 坐标,Y 坐标
…,…,…

Ⅱ
测站点点号
照准点点号,观测值类型,观测值[,观测值精度]
…,…,…[,…]

该文件分为两部分:第一部分为控制网的已知数据,包括先验的方向观测精度、先验测边精度和已知点坐标;第二部分为控制网的测站观测数据,包括方向、边长、方位角观测值。

②高程观测文件

Ⅰ
已知点点号,已知点高程值
…,…

Ⅱ
测段起点,终点,高差,距离,测段测站数[,精度号]
…,…,…,…,…[,…]

该文件也分为两部分:第一部分为高程控制网的已知数据,即已知高程点点号及其高程值;第二部分为高程控制网的观测数据,它包括测段的起点点号、终点点号、测段高差、测段距离、测段测站数和精度号。

(2)控制网平差

准备好控制网观测文件以后,即可使用科傻系统进行平差处理。具体见附录B。

5.2　习题训练5

1.一条四等附合导线如图5-1所示,已知数据见表5-1,观测数据见表5-2。应用科傻和平差易两种软件解算导线平差坐标、点位中误差。

要求:

(1)熟悉所用平差软件的计算功能、操作界面、导线的平差计算步骤;

(2)对计算结果进行精度分析;

(3)上交资料。

表 5-1 导线已知数据表

点名	X(m)	Y(m)
1	4535082.262	565138.645
2	4534794.120	567117.820
3	4539728.280	564871.860
4	4541816.391	563497.163

表 5-2 导线观测数据表

测站	照准方向	观测方向(° ′ ″)	边长(平距)(m)
2	1	000 00 00	
	5	110 10 09	1417.007
3	8	000 00 00	
	4	223 59 13	
5	2	000 00 00	
	6	122 33 48	1465.989
6	5	000 00 00	
	7	179 17 54	1019.165
7	6	000 00 00	
	8	184 25 48	1406.683
8	7	000 00 00	
	3	127 54 35	1133.418

2.应用南方测绘公司的平差易软件 PA2005 和原武汉测绘科技大学的科傻系统解算下列水准测量问题。

要求:熟练掌握平差软件的基本操作步骤,并能获得正确的计算结果;会对平差结果进行必要的精度分析。

(1)进行附合水准路线的平差计算,已知点高程及观测数据在图 5-2 中已经标出,试计算各未知点的高程平差值。

(2)某二等水准网如图 5-3 所示,已知 BM_6 点高程为 450.356 m,观测数据见表 5-3,试进行水准网平差,计算出未知点高程,并进行精度评定。

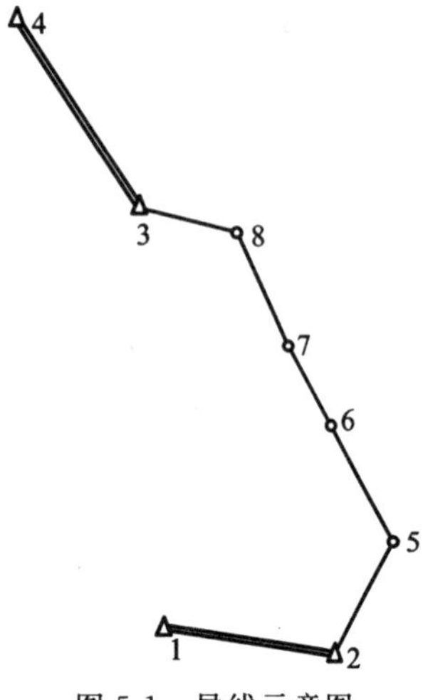

图 5-1 导线示意图

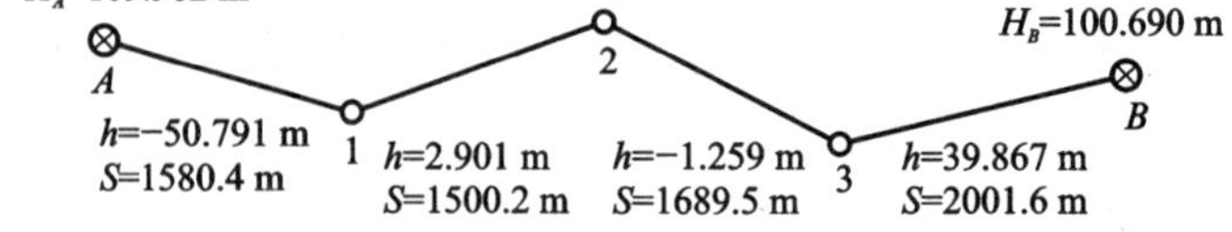

图 5-2 附合水准路线示意图

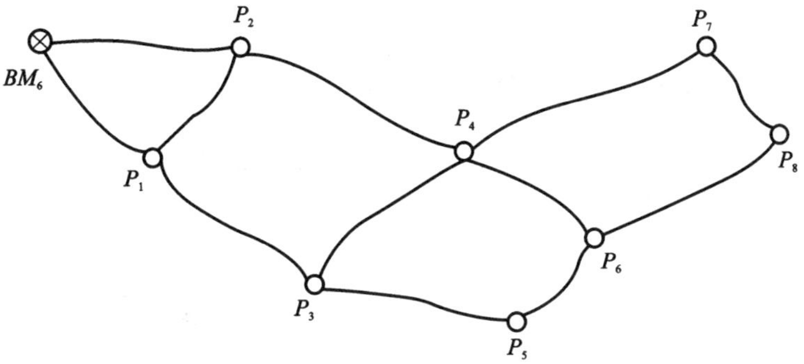

图 5-3 水准网示意图

表 5-3 水准网观测数据表

测段序号	测段起点	测段终点	测段距离(m)	观测高差(m)
1	BM_6	P_2	20128	9.125
2	P_1	BM_6	15224	0.893
3	P_1	P_2	10615	10.012
4	P_1	P_3	25128	6.193
5	P_2	P_4	30025	2.640
6	P_3	P_4	20229	6.481
7	P_3	P_5	20568	6.999
8	P_4	P_6	15227	1.712
9	P_4	P_7	30812	26.214
10	P_5	P_6	5888	1.212
11	P_8	P_6	25016	−64.388
12	P_8	P_7	10666	−39.844

3. 由三个线性方程组成的联立方程组如下：

$$\begin{cases} X_1 + 2X_2 + 3X_3 = 2 \\ 3X_1 - 5X_2 + 6X_3 = 0 \\ 7X_1 + 8X_2 + 9X_3 = 2 \end{cases}$$

试用 MATLAB 写出该方程组求解的步骤及解算结果。

4. 在图 5-4 所示的二级导线中，A、B、C、D 点为已知点，P_1、P_2、P_3 点为待定点，观测了 5 个左角和 4 条边长，已知数据及观测值见表 5-4。观测值的测角中误差 $\sigma_\beta = 5.0''$，边长中误差 $\sigma_{S_i} = 0.2\sqrt{S_i}$ mm。试分别用科傻系统和平差易软件进行平差。

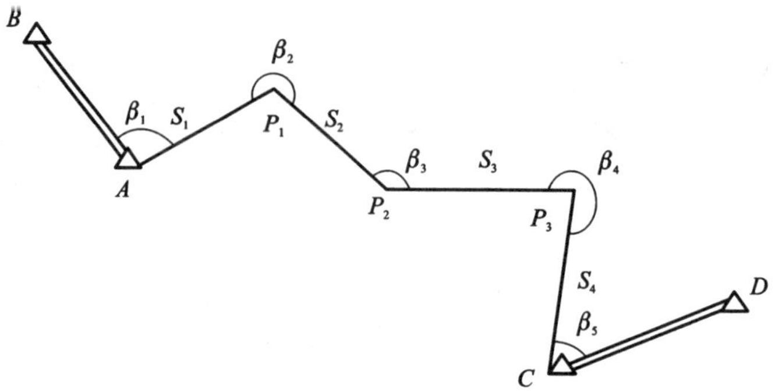

图 5-4　附合导线

表 5-4　已知数据和观测值

已知点	X(m)		Y(m)
A	599.951		224.856
B	704.816		141.165
C	747.166		572.726
D	889.339		622.134
β_i	观测角 (°　′　″)	S_i	观测边长(m)
1	74　10　30	1	143.825
2	279　05　12	2	124.777
3	67　55　29	3	188.950
4	276　10　11	4	117.338
5	80　23　46		

5. 在图 5-5 所示的单一附合四等导线中，A、B 点为已知点，P_2、P_3、P_4 点为待定点，已知数据和观测值见表 5-5，试分别用科傻系统和平差易软件进行平差。

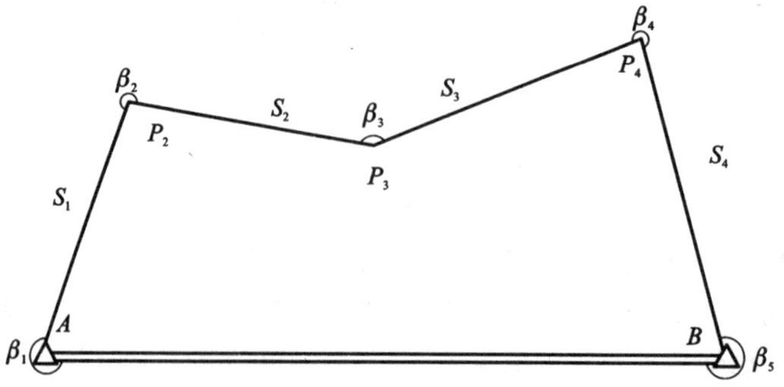

图 5-5　单一附合四等导线

表 5-5 已知数据和观测值

<table>
<tr><td>已知点</td><td colspan="2">X(m)</td><td>Y(m)</td><td>备注</td></tr>
<tr><td>A</td><td colspan="2">6556.947</td><td>4101.735</td><td rowspan="2">观测值中误差</td></tr>
<tr><td>B</td><td colspan="2">8748.155</td><td>6667.647</td></tr>
<tr><td>已知方向</td><td colspan="3">$\partial_{AB}=49°30'13.4''$</td><td rowspan="7">$\sigma_\beta=3''$
$\sigma_{S_i}=\sqrt{5^2+(5\times S_i\times 10^{-6})^2}$ mm
其中 S_i 以“km”为单位</td></tr>
<tr><td>β_i</td><td>观 测 角
(°　′　″)</td><td>S_i</td><td>观测边长(m)</td></tr>
<tr><td>1</td><td>291　45　27.8</td><td rowspan="5">1
2
3
4</td><td rowspan="5">1628.524
1293.480
1229.421
1511.185</td></tr>
<tr><td>2</td><td>275　16　43.8</td></tr>
<tr><td>3</td><td>128　49　32.3</td></tr>
<tr><td>4</td><td>274　57　18.2</td></tr>
<tr><td>5</td><td>289　10　52.9</td></tr>
</table>

6 技能测试

一、选择题

1. 取一长为 d 的直线，其测量结果的权为 1，则长为 D 的直线的测量结果的权 $p_D=$（　　）。

A. d/D　　B. D/d　　C. d^2/D^2　　D. D^2/d^2

2. 有一角度测 20 测回，得中误差为 0.42″，如果要使其中误差为 0.28″，则还需增加的测回数 $N=$（　　）。

A. 25　　B. 20　　C. 45　　D. 5

3. 某平面控制网中有一点 P，其协因数阵为：

$$\boldsymbol{Q}_{XX}=\begin{bmatrix} Q_{xx} & Q_{xy} \\ Q_{yx} & Q_{yy} \end{bmatrix}=\begin{bmatrix} 0.5 & -0.25 \\ -0.25 & 0.5 \end{bmatrix}$$

单位权方差 $\sigma_0^2=2.0$。则 P 点误差椭圆的方位角 $T=$（　　）。

A. 90　　B. 135　　C. 120　　D. 45

4. 设 L 的权为 1，则 $4L$ 的权 $p=$（　　）。

A. 1/4　　B. 4　　C. 1/16　　D. 16

5. 设

$$\begin{bmatrix} y_1 \\ y_2 \end{bmatrix}=\begin{bmatrix} 2 & -1 \\ -1 & 3 \end{bmatrix}\begin{bmatrix} x_1 \\ x_2 \end{bmatrix}\quad \boldsymbol{D}_{xx}=\begin{bmatrix} 3 & 1 \\ 1 & 4 \end{bmatrix}$$

又设 $F=y_2+x_1$，则 $\sigma_F^2=$（　　）。

A. 9　　B. 16　　C. 144　　D. 36

6. 在测角三角网中，为了确定其大小和在坐标系中的位置，则需要（　　）个必要起算数据。

A. 3　　B. 4　　C. 5

7. 在一水准网里，其中水准路线 $S_1=3.0\ \text{km}$，$S_2=6.0\ \text{km}$，$S_3=3\ \text{km}$，设每公里观测高差的精度相同，若已知第三条水准路线观测高差的权为 2，则第二条水准路线观测高差的权为（　　）。

A. 1　　B. 2　　C. 1/2

8. 对于单一附合导线来说，其条件方程的个数为（　　）个。

A. 1　　B. 2　　C. 3

9. X、Y 为正态随机变量，若 $\sigma_{XY}\neq 0$，则 X 与 Y 是（　　）的。

A. 独立　　B. 相关　　C. 既不相关也不独立

10. 任何平差方法在估算单位权方差时，都用 $\boldsymbol{V}^{\mathrm{T}}\boldsymbol{PV}$ 除以（　　）。

A. 总观测数　　B. 必要观测数　　C. 多余观测数

二、填空题

1. 某段水准路线共测 20 站，若取 $C=200$，测站的观测高差为单位权观测值，则该段水准路线观测值的权为(　　　　)。

2. 某三角网共由 100 个三角形构成,其闭合差的$[ww]=200''$,测角中误差的估值为(　　　　)(计算取位至 0.1″)。

3. 某线段由 6 段构成,每段测量偶然误差中误差$\sigma=2$ mm,系统误差为 6 mm,该长度测量的综合中误差为(　　　　)(计算取位至 0.1 mm)。

4. 设 n 个同精度独立观测值的权均为 P,其算术平均值的权为 $\bar{P}$,则$\dfrac{P}{\bar{P}}$(　　　　)。

5. 已知两段距离的长度及其中误差分别为 300.158 m±3.5 cm 和 600.686 m±3.5 cm,则这两段距离的中误差(　　　　);这两段距离的误差的最大限差(　　　　);它们的精度(　　　　);它们的相对精度(　　　　)。

6. 已知观测值向量 $\boldsymbol{L}=[L_1\quad L_2]^{\mathrm{T}}$ 的方差阵 $\boldsymbol{D}_{LL}=\begin{bmatrix}4 & -2\\ -2 & 2\end{bmatrix}$,单位权方差 $\sigma_0^2=2$,则 L_1、L_2 的权分别为 $p_1=$ ______,$p_2=$ ______。

7. 已知 P 点坐标平差值的协因数阵为$\boldsymbol{Q}_{\hat{P}}=\begin{bmatrix}3 & -1\\ -1 & 6\end{bmatrix}(\mathrm{dm}^2/''^2)$,单位权方差 $\hat{\sigma}_0^2=1''^2$,则点位中误差为 $\sigma_P=$ ______。

8. 设有函数 $Y=K_1X_1+K_2X_2$,X_1 和 X_2 的协方差阵为 $\boldsymbol{D}_1$ 和 $\boldsymbol{D}_2$,互协方差阵为 $\boldsymbol{D}_{12}$,则 $\boldsymbol{D}_{YX_1}=$ ____________。

9. 对某量进行了 n 次观测,设一次观测值的权为 $p_i=1$,则其算术平均值的权为 __________。

10. 在间接平差精度评定中,得 $\boldsymbol{Q}_{\hat{X}\hat{X}}=$ ____________。

三、判断题(正确的填“T”,错误的填“F”)

1. 在水准测量中估读尾数不准确产生的误差是系统误差。(　　)

2. 如果随机变量 X 和 Y 服从联合正态分布,且 X 与 Y 的协方差为 0,则 X 与 Y 相互独立。(　　)

3. 已知两段距离的长度及其中误差分别为 300.158 m±3.5 cm 和 600.686 m±3.5 cm,则这两段距离的真误差相等。(　　)

4. 相对误差主要用于评定距离测量精度。(　　)

5. 观测值与最佳估值之差为真误差。(　　)

6. 系统误差可用平差的方法进行减弱或消除。(　　)

7. 权一定与中误差的平方成反比。(　　)

8. 间接平差与条件平差一定可以相互转换。(　　)

9. 在按比例画出的误差曲线上可直接量得相应边的边长中误差。(　　)

10. 无论是用间接平差法还是条件平差法,对于特定的平差问题法方程阶数一定等于必要观测数。(　　)

11. 对于特定的平面控制网,如果按条件平差法解算,则条件方程的个数是一定的,形式是多样的。(　　)

12. 当观测值个数大于必要观测数时,该模型可被唯一地确定。(　　)

13. 定权时 σ_0 可任意给定，它仅起比例常数的作用。(　　)

14. 在间接平差中，直接观测量可以作为未知数，但是间接观测量不能作为未知数。(　　)

15. 观测值精度相同，其权不一定相同。(　　)

16. 误差椭圆的三个参数的含义分别为：φ_E 为位差极大值方向的坐标方位角；E 为位差极大值方向；F 为位差极小值的方向。(　　)

17. 偶然误差与系统误差的传播规律是一致的。(　　)

18. 两个水平角的测角精度相同，则角度大的那一个精度高。(　　)

19. 在测角中正倒镜观测是为了消除偶然误差。(　　)

20. 观测值向量 $\boldsymbol{L}$ 的协因数阵 $\boldsymbol{Q}_{LL}$ 的主对角线元素 Q_{ii} 不一定表示观测值 L_i 的权。(　　)

四、简答题

1. 观测值中为什么存在观测误差?
2. 什么叫必要起算数据? 各类控制网的必要起算数据是如何确定的?
3. 参数平差时，对选择的参数有什么要求?
4. 独立测角网的条件方程有哪些类型?
5. 坐标平差列立误差方程的步骤是什么?

五、计算题

1. 某平差问题是用间接平差法进行的，共有 10 个独立观测值，两个未知数，列出 10 个误差方程后得法方程式如下：

$$\begin{bmatrix} 10 & -2 \\ -2 & 8 \end{bmatrix}\begin{bmatrix} \hat{x}_1 \\ \hat{x}_2 \end{bmatrix}=\begin{bmatrix} -6 \\ -14 \end{bmatrix}$$

且已知 $\boldsymbol{l}^{\mathrm{T}}\boldsymbol{P}\boldsymbol{l}=66$。求：

(1)未知数的解；

(2)单位权中误差 σ_0；

(3)设 $F=4\hat{x}_1+3\hat{x}_2$，求 $\frac{1}{p_F}$。

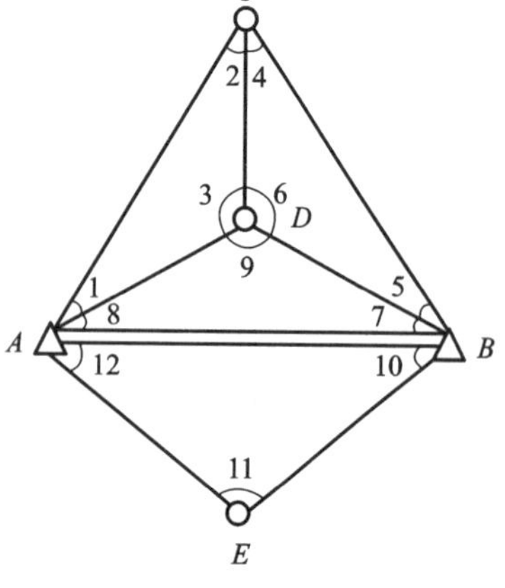

图 6-1　测角网(1)

2. 如图 6-1 所示，已知 A、B 两点坐标，C、D、E 点为待定点，观测了所有内角，试用条件平差方法列出全部条件方程并将其线性化。

3. 设有一函数 $T=5x+253$，$F=2y+671$。其中：

$$\begin{cases} x=\alpha_1 L_1+\alpha_2 L_2+\cdots+\alpha_n L_n \\ y=\beta_1 L_1+\beta_2 L_2+\cdots+\beta_n L_n \end{cases}$$

$\boldsymbol{A}=[\alpha_1 \quad \alpha_2 \quad \cdots \quad \alpha_n]$，$\boldsymbol{B}=[\beta_1 \quad \beta_2 \quad \cdots \quad \beta_n]$($i=1,2,\cdots,n$)，$\alpha_i$、$\beta_i$ 是无误差的常数，L_i 的权为 $p_i=1$，$p_{ij}=0$($i\neq j$)。

(1)求函数 T、F 的权阵；

(2)求协因数阵 $\boldsymbol{Q}_{Ty}$、$\boldsymbol{Q}_{TF}$。

4. 试按条件平差法求证在图 6-2 所示的单一水准路线中，平差后高程最弱点在水准路线中央。

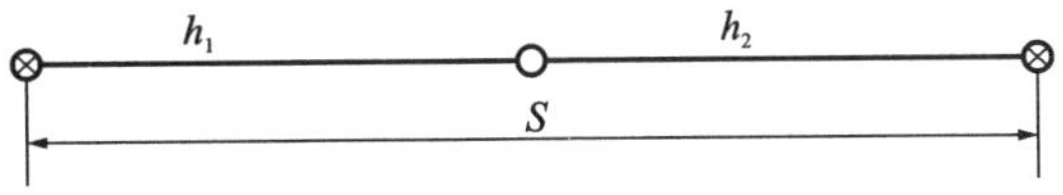

图 6-2 水准路线

5. 已知待定点坐标的协因数阵为：$\begin{bmatrix} Q_x & Q_{xy} \\ Q_{yx} & Q_y \end{bmatrix} = \begin{bmatrix} 2.0 & -0.5 \\ -0.5 & 1.0 \end{bmatrix}$，单位权方差的估值为 $\hat{\sigma}_0^2 = 4.0\ \text{cm}^2$，据此求：

(1) 该点位差的极大值方向 φ_E 和该点位差的极小值方向 φ_F；

(2) 该点位差的极大值 E 和该点位差的极小值 F；

(3) 待定点位方差 $\hat{\sigma}_P^2$；

(4) 任意方向 $\varphi = 125°$ 的位差 $\hat{\sigma}_\varphi$。

6. 在图 6-3 所示的水准网中，A、B 点为已知水准点，C、D 点为待定点。设 C、D 点的高程平差值为参数 $\hat{x}_1$、$\hat{x}_2$。已算出法方程为：

$$\begin{cases} 5x_1 - 4x_2 + 2.5 = 0 \\ -4x_1 + 5x_2 - 1.2 = 0 \end{cases}$$

试求 C 至 D 点间高差平差值的权倒数。

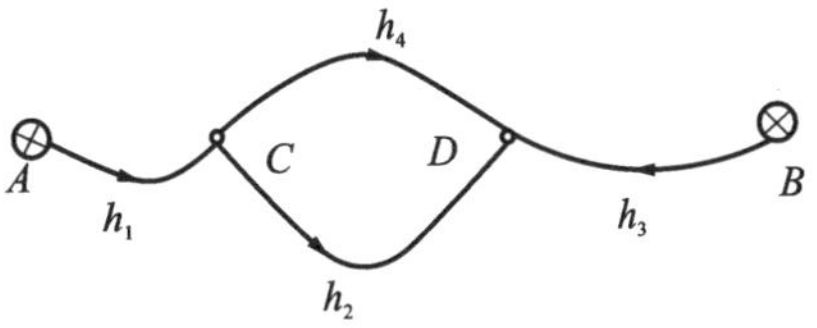

图 6-3 水准网(1)

7. 在图 6-4 所示水准网中，A、B、C 三点为已知高程点，P_1、P_2 为未知点，各高差观测值及相应的水准路线长度如表 6-1 所列。试用条件平差法计算未知点 P_1、P_2 的高程平差值及其中误差。

表 6-1 观测数据

高差观测值	水准线路长度(km)	已知点高程
$h_1 = -1.044$ m	1	$H_A = 32.000$ m $H_B = 31.735$ m $H_C = 31.256$ m
$h_2 = 1.311$ m	1	
$h_3 = 0.541$ m	1	
$h_4 = -1.243$ m	1	

8. 由 A、B、C 三点确定 P_1 点坐标 $\hat{\boldsymbol{X}} = [\hat{X}_P \quad \hat{Y}_P]^{\mathrm{T}}$，同精度观测了 6 个角度，观测精度为 σ_β，平差后得到 $\hat{\boldsymbol{X}}$ 的协因数阵为 $\boldsymbol{Q}_{\hat{X}\hat{X}} = \begin{bmatrix} 1.5 & 0 \\ 0 & 2.0 \end{bmatrix} \text{cm}^2/''^2$，且单位权中误差为 $\hat{\sigma}_0 = 1.0$ cm，已知 BP 边边长约为 300 m，AP 边边长为 220 m，方位角 $\alpha_{AB} = 90°$，平差后角度 $L_1 = 30°00'00''$。试求测角中误差 σ_β。

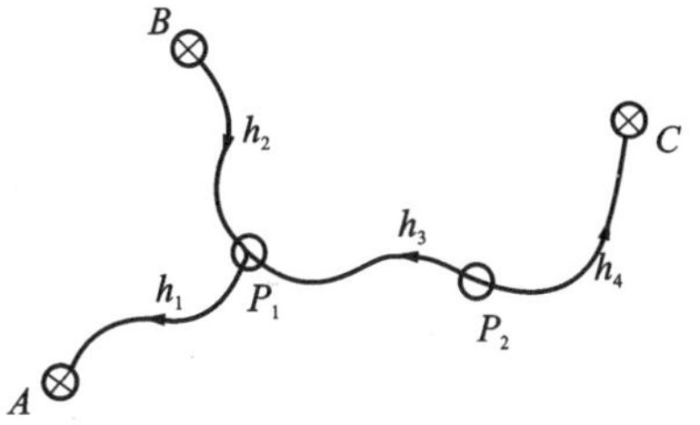

图 6-4 水准网(2)

9. 图 6-5 所示为测角三角网，试列出其改正数条件方程及求 CD 边相对中误差时的权函数式。

10. 在测站 O 点测量了 4 个角度，如图 6-6 所示，观测值如下：$L_1=135°25'20''$，$L_2=90°40'08''$，$L_3=133°54'42''$，$L_4=226°05'43''$。试按间接平差法列出其误差方程。

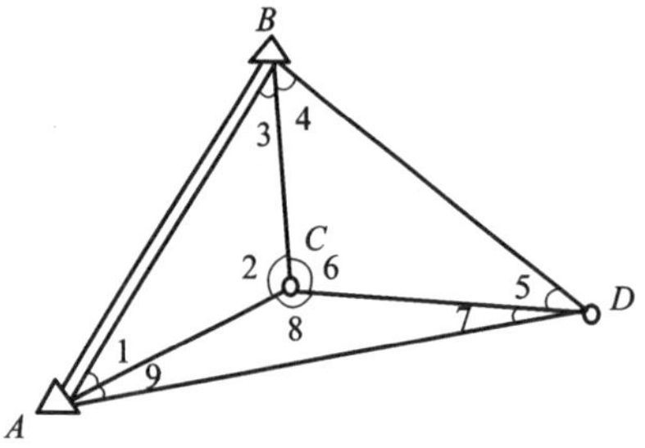

图 6-5　测角网(2)

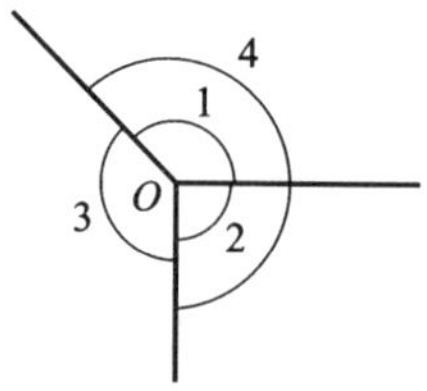

图 6-6　测站平差

习题训练答案

习题训练 1 答案

1.(1)对某量(如某一个角度、某一段距离或某两点间的高差等)进行多次观测,所得的各次观测结果存在着差异,实质上表现为每次测量所得的观测值与该量的真值之间的差值,此差值称为测量误差,也称观测误差,即:测量误差(Δ)=真值-观测值。

(2)测量误差产生的原因主要有以下三个方面:①仪器设备;②观测者;③外界环境的影响。

2.(1)系统误差的特性是测量结果向一个方向偏离,其数值按一定规律变化,具有重复性、单向性。例如,角度测量时经纬仪的视准轴不垂直于横轴而产生的视准轴误差;水准尺刻划不精确所引起的读数误差;测角时因大气折光而产生的角度误差;钢尺量距时外界温度与仪器检定时温度不一致所引起的距离差;观测者照准目标时,总是习惯于偏向中央某一侧而产生的误差。

(2)偶然误差的特性是误差的大小及符号都表现出偶然性、随机性。即从单个误差来看,该误差的大小及符号没有规律,但从大量误差的总体来看,具有一定的统计规律。例如:水准测量读数时估读不准确产生的误差;钢尺丈量距离时对点不准确引起的误差;观测者照准目标时,时而偏向左侧、时而偏向右侧产生的误差;经纬仪测角时测回间的对中误差等。

3.粗差是一种大量级的观测误差,在测量成果中是不允许粗差存在的。一旦发现粗差,该观测值必须舍弃或重测。处理粗差的办法主要有以下两种:

(1)采用 3σ 准则,可以认为偏差超过 3σ 的测量值是其他因素或过失造成的,为异常数据,应当剔除。

(2)进行必要的重复观测和多余观测,通过必要而又严格的检核、验算等方式均可发现粗差。

4.(1)系统误差,当尺长大于标准尺长时,观测值小,符号为"+";当尺长小于标准尺长时,观测值大,符号为"-"。

(2)系统误差,符号为"-"。

(3)偶然误差,符号为"+"或"-"。

(4)系统误差,符号为"-"。

(5)系统误差,符号为"-"。

5.(1)系统误差,当 i 角为正时,符号为"-";当 i 角为负时,符号为"+"。

(2)系统误差,符号为"+"。

(3)偶然误差,符号为"+"或"-"。

(4)系统误差,符号为"-"。

6.中误差 σ 作为衡量精度的指标,代表一组同精度观测误差平方的平均值的平方根极限值，一般以二倍中误差作为偶然误差的极限值$\Delta_{限}$，并称为极限误差；相对误差是误差的绝对值与观测值本身的比值，即$K=\frac{\sigma}{L}=\frac{1}{N}$。

7. 观测值函数的中误差与观测值的中误差遵循协方差传播律，即

$$\boldsymbol{D}_{ZZ}=\boldsymbol{K}\boldsymbol{D}_{XX}\boldsymbol{K}^{\mathrm{T}}$$

$\boldsymbol{D}_{ZZ}$的标量形式为：

$$\begin{aligned}D_{ZZ}&=\sigma_Z^2=k_1^2\sigma_1^2+k_2^2\sigma_2^2+\cdots+k_n^2\sigma_n^2+2k_1k_2\sigma_{12}+2k_1k_3\sigma_{13}\\&\quad+\cdots+2k_1k_n\sigma_{1n}+\cdots+2k_{n-1}k_n\sigma_{n-1,n}\end{aligned}$$

当向量中的各分量两两独立时，它们之间的协方差$\sigma_{ij}=0$，此时上式为：

$$D_{ZZ}=\sigma_Z^2=k_1^2\sigma_1^2+k_2^2\sigma_2^2+\cdots+k_n^2\sigma_n^2$$

8. 它们的真误差不一定相等，相对精度不相等，后者高于前者。

9. 方差是表示精度的一个绝对数字特征，一定的观测条件就对应着一定的误差分布，而一定的误差分布就对应着一个确定的方差（或中误差）。权是表示精度的一个相对数字特征，即通过方差之间的比例关系来衡量观测值之间精度的高低。

10. 解：为了满足精度要求，设最多可设 n 站，则

$$n\sigma_{站}^2=n\times3^2=9n\leqslant5^2$$

$$n\leqslant25/9\approx2.8$$

因此最多只能设 2 站。

11. 解：矩形场地面积的函数式为：

$$P=ab$$

其面积为：

$$P=ab=156.34\times85.27=13331.11\ \mathrm{m}^2$$

对面积表达式进行全微分得

$$\mathrm{d}P=b\mathrm{d}a+a\mathrm{d}b$$

则根据协方差传播律有

$$\sigma_P^2=b^2\sigma_a^2+a^2\sigma_b^2$$

将各数值代入可得

$$\sigma_P^2=85.27^2\times0.1^2+156.34^2\times0.05^2=133.82\ \mathrm{m}^4$$

则面积中误差为：

$$\sigma_P=11.57\ \mathrm{m}^2$$

12. 解：

$$\sigma_Z^2=\left(\frac{2}{9}\right)^2\times3^2+\left(\frac{2}{9}\right)^2\times2^2+\left(\frac{5}{9}\right)^2\times1^2=\frac{77}{81}\ \mathrm{mm}^2$$

则函数 Z 的中误差为：

$$\sigma_Z=0.97\ \mathrm{mm}$$

13. 解：$\sigma_{L_1}=2$，$\sigma_{L_2}=3$，$\sigma_{L_3}=4$，$\sigma_{L_1L_2}=-2$，$\sigma_{L_1L_3}=0$，$\sigma_{L_2L_3}=-3$

14. 解：$D_{F_1}=22$，$D_{F_2}=18L_2^2+27L_3^2$

15. 解：两组非线性函数全微分得

$$\begin{bmatrix}\mathrm{d}Y_1=\mathrm{d}X_1-4X_2\mathrm{d}X_2\\\mathrm{d}Y_2=4X_1\mathrm{d}X_1\end{bmatrix}\qquad\begin{bmatrix}\mathrm{d}Z_1=2\mathrm{d}X_1+\mathrm{d}X_2\\\mathrm{d}Z_2=12X_2\mathrm{d}X_2\end{bmatrix}$$

则有

$$\boldsymbol{D}_Y=\begin{bmatrix}1 & -4X_2\\ 4X_1 & 0\end{bmatrix}\begin{bmatrix}2 & -1\\ -1 & 2\end{bmatrix}\begin{bmatrix}1 & -4X_2\\ 4X_1 & 0\end{bmatrix}^{\mathrm{T}}$$

$$=\begin{bmatrix}32X_2^2+8X_2+2 & 8X_1+16X_1X_2\\ 8X_1+16X_1X_2 & 32X_1^2\end{bmatrix}$$

$$\boldsymbol{D}_Z=\begin{bmatrix}2 & 1\\ 0 & 12X_2\end{bmatrix}\begin{bmatrix}2 & -1\\ -1 & 2\end{bmatrix}\begin{bmatrix}2 & 1\\ 0 & 12X_2\end{bmatrix}^{\mathrm{T}}$$

$$=\begin{bmatrix}6 & 0\\ 0 & 288X_2^2\end{bmatrix}$$

$$\boldsymbol{D}_{YZ}=\begin{bmatrix}1 & -4X_2\\ 4X_1 & 0\end{bmatrix}\begin{bmatrix}2 & -1\\ -1 & 2\end{bmatrix}\begin{bmatrix}2 & 1\\ 0 & 12X_2\end{bmatrix}^{\mathrm{T}}$$

$$=\begin{bmatrix}3 & -12X_2-96X_2^2\\ 12X_1 & -48X_1X_2\end{bmatrix}$$

16.解：

由公式

$$\boldsymbol{D}_L=\sigma_0^2\boldsymbol{Q}_L$$

得

$$\boldsymbol{Q}_L=\begin{bmatrix}8 & 0\\ 0 & 4\end{bmatrix}$$

又由公式

$$\boldsymbol{P}_L=\boldsymbol{Q}_L^{-1}=\begin{bmatrix}\frac{1}{8} & 0\\ 0 & \frac{1}{4}\end{bmatrix}$$

得：

$$p_1=\frac{1}{8},p_2=\frac{1}{4}$$

17.解：

由公式

$$\boldsymbol{D}_L=\sigma_0^2\boldsymbol{Q}_L$$

得

$$\boldsymbol{Q}_L=\begin{bmatrix}5 & -2\\ -2 & 4\end{bmatrix}$$

由此协因数阵可知

$$p_1=\frac{1}{5},p_2=\frac{1}{4}$$

又由公式得

$$\boldsymbol{P}_L=\boldsymbol{Q}_L^{-1}=\begin{bmatrix}5 & -2\\ -2 & 4\end{bmatrix}^{-1}=\begin{bmatrix}\frac{1}{4} & \frac{1}{8}\\ \frac{1}{8} & \frac{5}{16}\end{bmatrix}$$

18. 解：

由协因数传播律得

$$Q_{XX} = (\boldsymbol{B}^{\mathrm{T}}\boldsymbol{B})^{-1}$$
$$Q_{VV} = -\boldsymbol{B}(\boldsymbol{B}^{\mathrm{T}}\boldsymbol{B})^{-1}\boldsymbol{B}^{\mathrm{T}} + \boldsymbol{I}$$
$$Q_{LL} = \boldsymbol{B}(\boldsymbol{B}^{\mathrm{T}}\boldsymbol{B})^{-1}\boldsymbol{B}^{\mathrm{T}}$$

19. 解：观测值中误差为：

$$\hat{\sigma}_L=\sqrt{\frac{[dd]}{2n}}=\sqrt{\frac{1316}{2\times 8}}=9.07\ \mathrm{mm}$$

每边最或是值的中误差为：

$$\hat{\sigma}_X=\frac{\hat{\sigma}_L}{\sqrt{2}}=\frac{1}{2}\sqrt{\frac{[dd]}{n}}=6.41\ \mathrm{mm}$$

20. 解：$T_{CD}=T_{AB}+180°+\beta_1-180°+\beta_2=342°11'36''$

$$\sigma_{T_{CD}}=\sqrt{\sigma_{T_{AB}}^2+\sigma_{\beta_1}^2+\sigma_{\beta_2}^2}=\sqrt{6^2+8^2+10^2}=10\sqrt{2}''$$

习题训练 2 答案

1. 根据最小二乘法原理，正确消除各观测值间的矛盾，合理地分配误差，求出观测值及其函数的最或是值，同时评定测量结果的精度。

2. 必要观测。

3. 几何模型的必要元素不仅与个数有关，还与类型有关。

4. 平差的函数模型用来求最或是值，平差的随机模型用来进行精度评定。平差两大任务通过函数模型和随机模型共同完成。

5. 通过多余观测，可以发现粗差；通过多余观测才能列出条件方程式，从而求出函数最或是值。

6. 解：(1)本题中：$n=3, t=2, r=n-t=1$

$$H_A+\hat{h}_1-\hat{h}_2+\hat{h}_3-H_B=0$$

所以：$v_1-v_2+v_3-4=0$

(2)令 $C=2$，根据 $p_i=\frac{C}{S_i}$，得

$$p_1=\frac{C}{S_1}=1, p_2=\frac{C}{S_2}=2, p_3=\frac{C}{S_3}=4$$

$$\boldsymbol{P}=\begin{bmatrix}1&0&0\\0&2&0\\0&0&4\end{bmatrix}$$

则：

$$\boldsymbol{Q}=\boldsymbol{P}^{-1}=\begin{bmatrix}1&0&0\\0&\frac{1}{2}&0\\0&0&\frac{1}{4}\end{bmatrix}$$

$$N_{aa}=AQA^{T}=\frac{7}{4}$$

$$K=-N_{aa}^{-1}W=\frac{16}{7}$$

$$V=QA^{T}K=\begin{bmatrix}\frac{16}{7}\\-\frac{8}{7}\\\frac{4}{7}\end{bmatrix}$$

$$\hat{h}=h+V=\begin{bmatrix}-1.001\\-0.501\\-0.500\end{bmatrix}\text{ m}$$

检核：$H_A+h_1-h_2+h_3=61.222\text{ m}=H_B$

7.解：(1)本题中，$n=3$，$t=2$，$r=n-t=1$，可列出条件方程：

$$\hat{L}_1+\hat{L}_2+(360-\hat{L}_3)-180=0$$

以 $\hat{L}_i=L_i+v_i$ 代入上式，经计算得条件方程为：

$$v_1+v_2-v_3-6''=0$$

上列条件用矩阵表示为：

$$\begin{bmatrix}1 & 1 & -1\end{bmatrix}\begin{bmatrix}v_1\\v_2\\v_3\end{bmatrix}-6''=0$$

(2)$\sigma_0=5''$，$\sigma_1=2''$，$\sigma_2=3''$，$\sigma_3=2''$，则

$$\frac{1}{p_1}=\frac{25}{4},\frac{1}{p_2}=\frac{25}{9},\frac{1}{p_3}=\frac{25}{4}$$

法方程系数阵为：

$$N_{aa}=AQA^{T}=\begin{bmatrix}1 & 1 & -1\end{bmatrix}\begin{bmatrix}\frac{4}{25} & 0 & 0\\0 & \frac{9}{25} & 0\\0 & 0 & \frac{4}{24}\end{bmatrix}\begin{bmatrix}1\\1\\-1\end{bmatrix}=\frac{17}{25}$$

$$N_{aa}^{-1}=\frac{25}{17}$$

由此得

$$K=-N_{aa}^{-1}W=-\frac{25}{17}\times(-6'')=\frac{150^{\circ}}{17}$$

代入改正数方程计算 V，得

$$V=QA^{T}K=\begin{bmatrix}1.5'' & 3.0'' & -1.5''\end{bmatrix}^{T}$$

观测值的平差值为：

$$\hat{L}_1=69^{\circ}03'15.5'',\hat{L}_1=52^{\circ}32'25'',\hat{L}_3=301^{\circ}35'40.5''$$

$$\angle ACB=58^{\circ}24'19.5''$$

为了检核，将平差值代入条件方程，等式成立，故知以上平差计算无误。

8. 解：本题中，$n=4, t=2, r=n-t=2$，可列出以下 2 个条件方程：

$$\hat{\alpha}+\hat{\beta}+\hat{\gamma}-180=0$$
$$\hat{\gamma}+\hat{\delta}-360=0$$

以 $\hat{L}_i=L_i+v_i$ 代入上式，经计算得条件方程为：

$$v_\alpha+v_\beta+v_\gamma+(\alpha+\beta+\gamma-180)=0$$
$$v_\gamma+v_\delta+(\gamma+\delta-360)=0$$

上列条件用矩阵表示为：

$$\begin{bmatrix}1 & 1 & 1 & 0\\0 & 0 & 1 & 1\end{bmatrix}\begin{bmatrix}v_\alpha\\v_\beta\\v_\gamma\\v_\delta\end{bmatrix}+\begin{bmatrix}\alpha+\beta+\gamma-180\\\gamma+\delta-360\end{bmatrix}=0$$

$$\boldsymbol{P}=\begin{bmatrix}1 & 0 & 0 & 0\\0 & 1 & 0 & 0\\0 & 0 & 1 & 0\\0 & 0 & 0 & 1\end{bmatrix}$$

法方程系数阵为：

$$\boldsymbol{N}_{aa}=\boldsymbol{AQA}^{\mathrm{T}}=\begin{bmatrix}1 & 1 & 1 & 0\\0 & 0 & 1 & 1\end{bmatrix}\begin{bmatrix}1 & 0 & 0 & 0\\0 & 1 & 0 & 0\\0 & 0 & 1 & 0\\0 & 0 & 0 & 1\end{bmatrix}\begin{bmatrix}1 & 0\\1 & 0\\1 & 1\\0 & 1\end{bmatrix}=\begin{bmatrix}3 & 1\\1 & 2\end{bmatrix}$$

$$\boldsymbol{N}_{aa}^{-1}=\begin{bmatrix}0.4 & -0.2\\-0.2 & 0.6\end{bmatrix}$$

由此得法方程为：

$$\boldsymbol{K}=-\boldsymbol{N}_{aa}^{-1}\boldsymbol{W}=-\begin{bmatrix}0.4 & -0.2\\-0.2 & 0.6\end{bmatrix}\begin{bmatrix}\alpha+\beta+\gamma-180\\\gamma+\delta-360\end{bmatrix}$$
$$=\begin{bmatrix}-0.4\alpha-0.4\beta-0.2\gamma+0.2\delta\\0.2\alpha+0.2\beta-0.4\gamma-0.6\delta+180\end{bmatrix}$$

代入改正数方程计算 **V**，得

$$\boldsymbol{V}=\boldsymbol{QA}^{\mathrm{T}}\boldsymbol{K}=\begin{bmatrix}-0.4\alpha-0.4\beta-0.2\gamma+0.2\delta\\-0.4\alpha-0.4\beta-0.2\gamma+0.2\delta\\-0.2\alpha-0.2\beta-0.6\gamma-0.4\delta+180\\0.2\alpha+0.2\beta-0.4\gamma-0.6\delta+180\end{bmatrix}$$

观测值 γ 的平差值为：

$$\hat{\gamma}=\gamma+v_\gamma=-0.2\alpha-0.2\beta+0.4\gamma-0.4\delta+180$$

为了检核，将平差值重新组成条件方程，得

$$v_\alpha+v_\beta+v_\gamma=180-(\alpha+\beta+\gamma)$$
$$v_\gamma+v_\delta=360-(\gamma+\delta)$$

故知以上平差计算无误。

9. 解：本题中，$n=3$，$t=2$，$r=n-t=1$，可列出以下条件方程：

$$\hat{L}_1-\hat{L}_2+\hat{L}_3=0$$

以 $\hat{L}_i=L_i+v_i$ 代入上式，经计算得条件方程为：

$$v_1-v_2+v_3-2''=0$$

用矩阵表示为：

$$\begin{bmatrix}1 & -1 & 1\end{bmatrix}\begin{bmatrix}v_1\\v_2\\v_3\end{bmatrix}-2''=0$$

$$\boldsymbol{P}=\begin{bmatrix}1 & 0 & 0\\0 & 1 & 0\\0 & 0 & 1\end{bmatrix}$$

法方程系数阵为：

$$\boldsymbol{N}_{aa}=\boldsymbol{AQA}^{\mathrm{T}}=\begin{bmatrix}1 & -1 & 1\end{bmatrix}\begin{bmatrix}1 & & \\ & 1 & \\ & & 1\end{bmatrix}\begin{bmatrix}1\\-1\\1\end{bmatrix}=3$$

$$\boldsymbol{N}_{aa}^{-1}=\frac{1}{3}$$

由此得

$$\boldsymbol{K}=-\boldsymbol{N}_{aa}^{-1}\boldsymbol{W}=-\frac{1}{3}\times(-2'')=\frac{2''}{3}$$

代入改正数方程计算 $\boldsymbol{V}$，得

$$\boldsymbol{V}=\boldsymbol{QA}^{\mathrm{T}}\boldsymbol{K}=\begin{bmatrix}0.66'' & -0.66'' & 0.66''\end{bmatrix}^{\mathrm{T}}$$

观测值的平差值为：

$$\hat{L}_1=35°20'15.67'',\hat{L}_2=65°19'26.34'',\hat{L}_3=29°59'10.67''$$

为了检核，将平差值重新组成条件方程，得

$$\hat{L}_1+\hat{L}_3=\hat{L}_2$$

故知以上平差计算无误。

10. 解法一(条件平差法)：

(1)此例中，$n=3$，$t=2$，故 $r=1$，列出如下平差值条件方程：

$$H_A+\hat{h}_1+\hat{h}_2-\hat{h}_3-H_B=0$$

以 $\hat{h}_i=h_i+v_i$ 代入上式，可得条件方程为：

$$v_1+v_2-v_3+(H_A+h_1+h_2+h_3-H_B)=0$$

将已知高程和观测高差代入计算闭合差(单位：mm)，然后用矩阵表示如下：

$$\begin{bmatrix}1 & 1 & -1\end{bmatrix}\begin{bmatrix}v_1\\v_2\\v_3\end{bmatrix}-12=0$$

(2)令 1 km 的观测高差为单位权观测，即 $p_i=\dfrac{1}{S_i}$，于是有

$$p_1=0.5,p_2=1.0,p_3=0.5$$

法方程系数为：

$$\mathbf{N}_{aa}=\mathbf{A}\mathbf{P}^{-1}\mathbf{A}^{\mathrm{T}}$$

$$=\begin{bmatrix}1 & 1 & -1\end{bmatrix}\begin{bmatrix}0.5 & & \\ & 1.0 & \\ & & 0.5\end{bmatrix}^{-1}\begin{bmatrix}1\\1\\-1\end{bmatrix}=5$$

解之得　　$\mathbf{K}=-\mathbf{N}_{aa}^{-1}\mathbf{W}=2.4$

(3)可求得改正数为：

$$\mathbf{V}=\mathbf{P}^{-1}\mathbf{A}^{\mathrm{T}}\mathbf{K}$$

$$=\begin{bmatrix}0.5 & & \\ & 1.0 & \\ & & 0.5\end{bmatrix}^{-1}\begin{bmatrix}1\\1\\-1\end{bmatrix}\times 2.4=\begin{bmatrix}4.8\\2.4\\-4.8\end{bmatrix}$$

由此得高差的平差值为：

$$\hat{\mathbf{h}}=\mathbf{h}+\mathbf{V}$$

$$=\begin{bmatrix}-1.004\\1.504\\2.512\end{bmatrix}+\begin{bmatrix}4.8\\2.4\\-4.8\end{bmatrix}\times 10^{-3}=\begin{bmatrix}-0.9992\\1.5064\\2.5072\end{bmatrix}$$

即　　$\hat{h}_1=-0.9992\ \mathrm{m}, \hat{h}_2=1.5064\ \mathrm{m}, \hat{h}_3=2.5072\ \mathrm{m}$

将平差值代入条件方程进行检核，得

$$12.013-0.9992+1.5064-2.5072-10.013=0$$

可见，各高差的平差值满足了水准路线高差间的几何条件，即高差闭合差为零，故知计算无误，最后计算 C 和 D 点高程平差值分别为：

$$\hat{H}_C=\hat{H}_A+\hat{h}_1=11.0138\ \mathrm{m}$$
$$\hat{H}_D=\hat{H}_C+\hat{h}_2=12.5202\ \mathrm{m}$$

解法二(间接平差法)：

(1)此例中，$n=3$，$t=2$，故未知数的个数为 2。不妨选取 C、D 两待定点高程平差值为未知数最或是值，则应列立 3 个参数方程，即

$$\hat{h}_1=\hat{H}_C-H_A=\hat{X}_1-H_A$$
$$\hat{h}_2=\hat{H}_D-\hat{H}_C=-\hat{X}_1+\hat{X}_2$$
$$\hat{h}_3=\hat{H}_D-H_B=\hat{X}_2-H_B$$

令未知数的近似值

$$\hat{X}_1=\hat{x}_1+x_1^0=\hat{x}_1+H_A+h_1=\hat{x}_1+11.009$$
$$\hat{X}_2=\hat{x}_2+x_2^0=\hat{x}_2+H_B+h_3=\hat{x}_2+12.525$$

并将 $\hat{h}_i=h_i+v_i$ 代入，误差方程为：

$$v_1=\hat{x}_1$$
$$v_2=-\hat{x}_1+\hat{x}_2+12$$
$$v_3=\hat{x}_2$$

误差方程的矩阵形式为：

$$\begin{bmatrix}v_1\\v_2\\v_3\end{bmatrix}=\begin{bmatrix}1 & 0\\-1 & 1\\0 & 1\end{bmatrix}-\begin{bmatrix}0\\-12\\0\end{bmatrix}$$

式中闭合差的单位为毫米。

(2)组成法方程

令 1 km 的观测高差为单位权观测，即 $p_i=1/S_i$，于是有

$$p_1=0.5, p_2=1.0, p_3=0.5$$

法方程系数阵和常数项为：

$$\boldsymbol{N}_{bb}=\boldsymbol{B}^{\mathrm{T}}\boldsymbol{PB}=\begin{bmatrix}1.50 & -1.00\\ -1.00 & 1.50\end{bmatrix}, \boldsymbol{W}=\boldsymbol{B}^{\mathrm{T}}\boldsymbol{Pl}=\begin{bmatrix}12.00\\ -12.00\end{bmatrix}$$

即法方程为：

$$\begin{bmatrix}1.50 & -1.00\\ -1.00 & 1.50\end{bmatrix}\begin{bmatrix}\hat{x}_1\\ \hat{x}_2\end{bmatrix}-\begin{bmatrix}12.00\\ -12.00\end{bmatrix}=0$$

(3)求解上述法方程，求得未知数

$$\hat{x}_1=4.8\ \mathrm{mm}, \hat{x}_2=-4.8\ \mathrm{mm}$$

(4)由误差方程求得改正数和平差值

$$v_1=\hat{x}_1=4.8\ \mathrm{mm}, v_2=-\hat{x}_1+\hat{x}_2+12=2.4\ \mathrm{mm}, v_3=\hat{x}_2=-4.8\ \mathrm{mm}$$

高差的平差值为：

$$\hat{h}_1=-0.9992\ \mathrm{m}, \hat{h}_2=1.5064\ \mathrm{m}, \hat{h}_3=2.5072\ \mathrm{m}$$

将平差值代入条件方程进行检核，得

$$-0.9992+1.5064-2.5072+12.013-10.013=0$$

可见，各高差的平差值满足了水准路线高差间的几何条件，即高差闭合差为零，故知计算无误，最后计算 C 和 D 点高程平差值分别为：

$$\hat{H}_C=\hat{H}_A+\hat{h}_1=11.0138\ \mathrm{m}$$

$$\hat{H}_D=\hat{H}_C+\hat{h}_2=12.5202\ \mathrm{m}$$

11. 解：本题中，$n=5, t=3$

令 $AB=\hat{X}_1, BC=\hat{X}_2, CD=\hat{X}_3$，取

$$\hat{X}_1=X_1^0+\hat{x}_1=L_1+\hat{x}_1$$

$$\hat{X}_2=X_2^0+\hat{x}_2=L_2+\hat{x}_2$$

$$\hat{X}_3=X_3^0+\hat{x}_3=L_3+\hat{x}_3$$

误差方程为：

$$L_1+v_1=\hat{X}_1$$

$$L_2+v_2=\hat{X}_2$$

$$L_3+v_3=\hat{X}_3$$

$$L_4+v_4=\hat{X}_1+\hat{X}_2$$

$$L_5+v_5=\hat{X}_2+\hat{X}_3$$

$$\begin{bmatrix}v_1\\ v_2\\ v_3\\ v_4\\ v_5\end{bmatrix}=\begin{bmatrix}1 & 0 & 0\\ 0 & 1 & 0\\ 0 & 0 & 1\\ 1 & 1 & 0\\ 0 & 1 & 1\end{bmatrix}\begin{bmatrix}\hat{x}_1\\ \hat{x}_2\\ \hat{x}_3\end{bmatrix}-\begin{bmatrix}0\\ 0\\ 0\\ 0.040\\ -0.080\end{bmatrix}$$

$$\boldsymbol{P}=\begin{bmatrix}1&0&0&0&0\\0&1&0&0&0\\0&0&1&0&0\\0&0&0&1&0\\0&0&0&0&1\end{bmatrix}$$

法方程系数矩阵为：

$$\boldsymbol{N}_{bb}=\boldsymbol{B}^{\mathrm{T}}\boldsymbol{PB}$$

$$=\begin{bmatrix}1&0&0&1&0\\0&1&0&1&1\\0&0&1&0&1\end{bmatrix}\begin{bmatrix}1&0&0&0&0\\0&1&0&0&0\\0&0&1&0&0\\0&0&0&1&0\\0&0&0&0&1\end{bmatrix}\begin{bmatrix}1&0&0\\0&1&0\\0&0&1\\1&1&0\\0&1&1\end{bmatrix}=\begin{bmatrix}2&1&0\\1&3&1\\0&1&2\end{bmatrix}$$

$$\boldsymbol{W}=\boldsymbol{B}^{\mathrm{T}}\boldsymbol{Pl}$$

$$=\begin{bmatrix}1&0&0&1&0\\0&1&0&1&1\\0&0&1&0&1\end{bmatrix}\begin{bmatrix}1&0&0\\0&1&0\\0&0&1\\0&0&0\\0&0&0\end{bmatrix}\begin{bmatrix}0\\0\\0\\0.040\\-0.080\end{bmatrix}=\begin{bmatrix}0.04\\-0.04\\-0.08\end{bmatrix}$$

$$\boldsymbol{N}_{bb}^{-1}=\frac{1}{8}\begin{bmatrix}5&-2&1\\-2&4&-2\\1&-2&5\end{bmatrix}$$

$$\hat{\boldsymbol{x}}=\boldsymbol{N}_{bb}^{-1}\boldsymbol{W}$$

$$=\frac{1}{8}\begin{bmatrix}5&-2&1\\-2&4&-2\\1&-2&5\end{bmatrix}\begin{bmatrix}0.04\\-0.04\\-0.08\end{bmatrix}=\begin{bmatrix}0.025\\-0.010\\-0.035\end{bmatrix}\text{ m}$$

$$\begin{bmatrix}\hat{X}_1\\\hat{X}_2\\\hat{X}_3\end{bmatrix}=\begin{bmatrix}X_1^0\\\hat{X}_2^0\\\hat{X}_3^0\end{bmatrix}+\begin{bmatrix}\hat{X}_1\\\hat{X}_2\\\hat{X}_3\end{bmatrix}=\begin{bmatrix}200.025\\199.990\\200.045\end{bmatrix}\text{ m}$$

因此

$$AD=\hat{X}_1+\hat{X}_2+\hat{X}_3=600.060\text{ m}$$

检验

$$\begin{bmatrix}v_1\\v_2\\v_3\\v_4\\v_5\end{bmatrix}=\begin{bmatrix}1&0&0\\0&1&0\\0&0&1\\1&1&0\\0&1&1\end{bmatrix}\begin{bmatrix}0.025\\-0.010\\-0.035\end{bmatrix}-\begin{bmatrix}0\\0\\0\\0.040\\-0.080\end{bmatrix}=\begin{bmatrix}0.025\\-0.010\\-0.035\\-0.025\\0.035\end{bmatrix}\text{ m}$$

$$\hat{L}_4=L_4+v_4=400.040+(-0.025)=400.015$$

$$=\hat{X}_1+\hat{X}_2$$

$$\hat{L}_5=L_5+v_5=400.000+0.035=400.035$$

$$=\hat{X}_2+\hat{X}_3$$

说明平差计算正确。

12. 解：本题中，$n=4$，$t=3$，则条件方程个数为：

$$r=n-t=1$$

因为是等精度观测，取观测值权阵

$$\boldsymbol{P}=\begin{bmatrix} p_1 & & & \\ & p_2 & & \\ & & p_3 & \\ & & & p_4 \end{bmatrix}=\begin{bmatrix} 1 & & & \\ & 1 & & \\ & & 1 & \\ & & & 1 \end{bmatrix}$$

由 $\boldsymbol{A}\hat{\boldsymbol{L}}+\boldsymbol{A}_0=0$，列出平差值条件方程

$$\hat{L}_1+\hat{L}_2+\hat{L}_3+\hat{L}_4-360°=0$$

由 $\boldsymbol{W}=\boldsymbol{AL}+\boldsymbol{A}_0$，计算闭合差

$$\boldsymbol{W}=\boldsymbol{AL}+\boldsymbol{A}_0=\begin{bmatrix}1 & 1 & 1 & 1\end{bmatrix}\begin{bmatrix} 55°32'16'' \\ 73°03'08'' \\ 126°51'28'' \\ 104°33'20'' \end{bmatrix}-360°=12''$$

由 $\boldsymbol{AV}+\boldsymbol{W}=0$，写出改正数条件方程式

$$\begin{bmatrix}1 & 1 & 1 & 1\end{bmatrix}\begin{bmatrix} v_1 \\ v_2 \\ v_3 \\ v_4 \end{bmatrix}+12''=0$$

根据 $\boldsymbol{AP}^{-1}\boldsymbol{A}^{\mathrm{T}}\boldsymbol{K}+\boldsymbol{W}=0$，写出法方程

$$4\boldsymbol{K}+12''=0$$

由 $\boldsymbol{K}=-\boldsymbol{N}_{aa}^{-1}\boldsymbol{W}$，计算联系数

$$\boldsymbol{K}=-3''$$

由 $\boldsymbol{V}=\boldsymbol{P}^{-1}\boldsymbol{A}^{\mathrm{T}}\boldsymbol{K}$，计算各改正数

$$\boldsymbol{V}=\boldsymbol{P}^{-1}\boldsymbol{A}^{\mathrm{T}}\boldsymbol{K}=\begin{bmatrix} 1 & & & \\ & 1 & & \\ & & 1 & \\ & & & 1 \end{bmatrix}\begin{bmatrix} 1 \\ 1 \\ 1 \\ 1 \end{bmatrix}\begin{bmatrix}-3\end{bmatrix}=\begin{bmatrix} -3'' \\ -3'' \\ -3'' \\ -3'' \end{bmatrix}$$

由 $\hat{\boldsymbol{L}}=\boldsymbol{L}+\boldsymbol{V}$，计算观测值平差值

$$\begin{bmatrix} \hat{L}_1 \\ \hat{L}_2 \\ \hat{L}_3 \\ \hat{L}_4 \end{bmatrix}=\begin{bmatrix} L_1+v_1 \\ L_2+v_2 \\ L_3+v_3 \\ L_4+v_4 \end{bmatrix}=\begin{bmatrix} 55°32'13'' \\ 73°03'05'' \\ 126°51'25'' \\ 104°33'17'' \end{bmatrix}$$

13. 解：由题意可知

$$n=3,t=2$$

令 $H_{P_1}=\hat{X}_1$，$H_{P_2}=\hat{X}_2$，并假定 $H_{P_3}=0$，得

$$\hat{X}_1 = X_1^0 + \hat{x}_1 = (H_{P_3} + h_1) + \hat{x}_1 = \hat{x}_1 + 1.335$$
$$\hat{X}_2 = X_2^0 + \hat{x}_2 = (H_{P_3} - h_3) + \hat{x}_2 = \hat{x}_2 + 1.396$$

则
$$h_1 + v_1 = \hat{X}_1 - H_{P_3}$$
$$h_2 + v_2 = \hat{X}_2 - \hat{X}_1$$
$$h_3 + v_3 = H_{P_3} - \hat{X}_2$$

即
$$\begin{bmatrix} v_1 \\ v_2 \\ v_3 \end{bmatrix} = \begin{bmatrix} 1 & 0 \\ -1 & 1 \\ 0 & -1 \end{bmatrix} \begin{bmatrix} \hat{x}_1 \\ \hat{x}_2 \end{bmatrix} - \begin{bmatrix} 0 \\ -0.006 \\ 0 \end{bmatrix}$$

根据 $p_i = \dfrac{S_0}{S_i}$，令 $S_0 = 2$ km，则

$$p_1 = 1, p_2 = 1, p_3 = 2/3$$

法方程系数

$$\boldsymbol{N}_{bb} = \boldsymbol{B}^{\mathrm{T}} \boldsymbol{P} \boldsymbol{B}$$
$$= \begin{bmatrix} 1 & -1 & 0 \\ 0 & 1 & -1 \end{bmatrix} \begin{bmatrix} 1 & 0 & 0 \\ 0 & 1 & 0 \\ 0 & 0 & \frac{2}{3} \end{bmatrix} \begin{bmatrix} 1 & 0 \\ -1 & 1 \\ 0 & -1 \end{bmatrix} = \begin{bmatrix} 2 & -1 \\ -1 & \frac{5}{3} \end{bmatrix}$$

$$\boldsymbol{W} = \boldsymbol{B}^{\mathrm{T}} \boldsymbol{P} \boldsymbol{l}$$
$$= \begin{bmatrix} 1 & -1 & 0 \\ 0 & 1 & -1 \end{bmatrix} \begin{bmatrix} 1 & 0 & 0 \\ 0 & 1 & 0 \\ 0 & 0 & \frac{2}{3} \end{bmatrix} \begin{bmatrix} 0 \\ -0.006 \\ 0 \end{bmatrix} = \begin{bmatrix} 0.006 \\ -0.006 \end{bmatrix}$$

$$\boldsymbol{N}_{bb}^{-1} = \begin{bmatrix} \frac{5}{7} & \frac{3}{7} \\ \frac{3}{7} & \frac{6}{7} \end{bmatrix}$$

$$\hat{\boldsymbol{x}} = \boldsymbol{N}_{bb}^{-1} \boldsymbol{W} = \begin{bmatrix} 0.00174 \\ -0.00257 \end{bmatrix} \mathrm{m} = \begin{bmatrix} 1.7 \\ 2.6 \end{bmatrix} \mathrm{mm}$$

$$\boldsymbol{V} = \boldsymbol{B} \hat{\boldsymbol{x}} - \boldsymbol{l}$$
$$= \begin{bmatrix} 1 & 0 \\ -1 & 1 \\ 0 & -1 \end{bmatrix} \begin{bmatrix} 0.0017 \\ -0.0026 \end{bmatrix} - \begin{bmatrix} 0 \\ -0.006 \\ 0 \end{bmatrix} = \begin{bmatrix} 0.0017 \\ 0.0017 \\ 0.0026 \end{bmatrix}$$

所以：

$$\begin{bmatrix} \hat{h}_1 \\ \hat{h}_2 \\ \hat{h}_3 \end{bmatrix} = \begin{bmatrix} h_1 \\ h_2 \\ h_3 \end{bmatrix} + \begin{bmatrix} v_1 \\ v_2 \\ v_3 \end{bmatrix} = \begin{bmatrix} 1.3367 \\ 0.0567 \\ -1.3934 \end{bmatrix}$$

经检验，$\hat{h}_1 + \hat{h}_2 + \hat{h}_3 = 0$，说明计算无误。

14. 解：由题意可知

$$n = 3, t = 2$$

令
$$\angle A = \hat{X}_1, \angle B = \hat{X}_2, \beta_1 = X_1^0, \beta_2 = X_2^0$$

$$\hat{X}_1 = X_1^0 + \hat{x}_1 = \beta_1 + \hat{x}_1$$
$$\hat{X}_2 = X_2^0 + \hat{x}_2 = \beta_2 + \hat{x}_2$$
$$\beta_1 + v_1 = \hat{X}_1$$
$$\beta_2 + v_2 = \hat{X}_2$$
$$\beta_3 + v_3 = 180° - \hat{X}_1 - \hat{X}_2$$
$$\begin{bmatrix} v_1 \\ v_2 \\ v_3 \end{bmatrix} = \begin{bmatrix} 1 & 0 \\ 0 & 1 \\ -1 & -1 \end{bmatrix} \begin{bmatrix} \hat{x}_1 \\ \hat{x}_2 \end{bmatrix} - \begin{bmatrix} 0 \\ 0 \\ 10 \end{bmatrix}$$
$$\boldsymbol{P} = \begin{bmatrix} 1 & 0 & 0 \\ 0 & 1.2 & 0 \\ 0 & 0 & 1.8 \end{bmatrix}$$

法方程系数矩阵为：

$$\boldsymbol{N}_{bb} = \boldsymbol{B}^{\mathrm{T}}\boldsymbol{PB}$$
$$= \begin{bmatrix} 1 & 0 & -1 \\ 0 & 1 & -1 \end{bmatrix} \begin{bmatrix} 1 & 0 & 0 \\ 0 & 1.2 & 0 \\ 0 & 0 & 1.8 \end{bmatrix} \begin{bmatrix} 1 & 0 \\ 0 & 1 \\ -1 & -1 \end{bmatrix} = \begin{bmatrix} 2.8 & 1.8 \\ 1.8 & 3 \end{bmatrix}$$
$$\boldsymbol{W} = \boldsymbol{B}^{\mathrm{T}}\boldsymbol{Pl}$$
$$= \begin{bmatrix} 1 & 0 & -1 \\ 0 & 1 & -1 \end{bmatrix} \begin{bmatrix} 1 & 0 & 0 \\ 0 & 1.2 & 0 \\ 0 & 0 & 1.8 \end{bmatrix} \begin{bmatrix} 0 \\ 0 \\ 10 \end{bmatrix} = \begin{bmatrix} -18'' \\ -18'' \end{bmatrix}$$
$$\boldsymbol{N}_{bb}^{-1} = \begin{bmatrix} \frac{75}{129} & \frac{45}{129} \\ \frac{45}{129} & \frac{70}{129} \end{bmatrix} = \begin{bmatrix} 0.5814 & -0.3488 \\ -0.3488 & 0.5426 \end{bmatrix}$$
$$\hat{\boldsymbol{x}} = \boldsymbol{N}_{bb}^{-1}\boldsymbol{W} = \begin{bmatrix} -4.2 \\ -3.5 \end{bmatrix}$$
$$\boldsymbol{V} = \boldsymbol{B}\hat{\boldsymbol{x}} - \boldsymbol{l} = \begin{bmatrix} 1 & 0 \\ 0 & 1 \\ -1 & -1 \end{bmatrix} \begin{bmatrix} -4.2 \\ -3.5 \end{bmatrix} - \begin{bmatrix} 0 \\ 0 \\ 10 \end{bmatrix} = \begin{bmatrix} -4.2 \\ -3.5 \\ -2.3 \end{bmatrix}$$

所以：

$$\begin{bmatrix} \hat{\beta}_1 \\ \hat{\beta}_2 \\ \hat{\beta}_3 \end{bmatrix} = \begin{bmatrix} \beta_1 \\ \beta_2 \\ \beta_3 \end{bmatrix} + \begin{bmatrix} v_1 \\ v_2 \\ v_3 \end{bmatrix} = \begin{bmatrix} 45°30'41.8'' \\ 67°22'06.5'' \\ 67°07'11.7 \end{bmatrix}$$

检验：

$$\hat{\beta}_1 + \hat{\beta}_2 + \hat{\beta}_3 = 180°$$

计算正确。

15. 解：由题意可知，$n=3, t=1$。令 $H_D = \hat{X}_1$，取 $\hat{X}_1 = X_1^0 + \hat{x}_1 = H_A + h_1 + \hat{x}_1 = 56.996 + \hat{x}_1$，列出误差方程为：

$$h_1 + v_1 = \hat{X}_1 - H_A$$

$$h_2+v_2=\hat{X}_1-H_B$$
$$h_3+v_3=\hat{X}_1-H_C$$

$$\begin{bmatrix}v_1\\v_2\\v_3\end{bmatrix}=\begin{bmatrix}1\\1\\1\end{bmatrix}[\hat{x}_1]-\begin{bmatrix}0\\20\\6\end{bmatrix},\boldsymbol{P}=\begin{bmatrix}1&&\\&2&\\&&1\end{bmatrix}$$

法方程为：

$$\boldsymbol{N}_{bb}=\boldsymbol{B}^{\mathrm{T}}\boldsymbol{PB}$$
$$=[1\quad 1\quad 1]\begin{bmatrix}1&&\\&2&\\&&1\end{bmatrix}\begin{bmatrix}1\\1\\1\end{bmatrix}=[4]=4$$

$$\boldsymbol{W}=\boldsymbol{B}^{\mathrm{T}}\boldsymbol{Pl}$$
$$=[1\quad 1\quad 1]\begin{bmatrix}1&&\\&2&\\&&1\end{bmatrix}\begin{bmatrix}0\\20\\6\end{bmatrix}=46\ \mathrm{mm}$$

$$\boldsymbol{N}_{bb}^{-1}=\frac{1}{4}$$

$$\hat{\boldsymbol{x}}=\boldsymbol{N}_{bb}^{-1}\boldsymbol{W}=11.5\ \mathrm{mm}$$

$$\boldsymbol{V}=\boldsymbol{B}\hat{\boldsymbol{x}}-\boldsymbol{l}=\begin{bmatrix}11.5\\-8.5\\5.5\end{bmatrix}$$

$$\hat{\sigma}_0=\sqrt{\frac{\boldsymbol{V}^{\mathrm{T}}\boldsymbol{PV}}{n-t}}=\sqrt{\frac{307}{2}}=12.4\ \mathrm{mm}$$

$$\hat{\sigma}_{H_D}=\hat{\sigma}_0\sqrt{\frac{1}{p_{H_D}}}=12.4\sqrt{\frac{1}{4}}=6.2\ \mathrm{mm}$$

习题训练 3 答案

1. 水准网一般分为闭合水准路线、附合水准路线。对于有已知点的水准网，确定一个待定点的高程必须观测一段高差，所以必要观测个数 t 等于待定点个数 p，即 $t=p$；对于无已知点的水准网，只能确定待定点间的相对高程，故必要观测个数 t 等于待定点个数 p 减 1，即 $t=p-1$。

2. 测角网条件方程式包括图形条件、圆周条件和极条件。在测角网中，确定一个点的位置必须观测两个角度，故测角网的必要观测个数 t 等于待定点个数 p 的 2 倍，即 $t=2p$。

3. 单一附合导线的多余观测数始终是 3。

4. (1)条件方程的个数必须等于多余观测的个数，不能多也不能少。

(2)条件方程式之间必须函数独立。

(3)尽量选择形式简单便于计算的条件方程式。

5. 独立测角网的条件方程有图形条件、圆周条件和极条件三种类型。圆周条件的个数等于中点多边形的个数，极条件的个数等于中点多边形、大地四边形和扇形的总数，图形条件的个数等于互不重叠的三角形个数加上实对角线的条数。

6. 分子是推算路线未知边所对角平差值的正弦函数值的乘积，分母是推算路线已知边所对角平差值的正弦函数值的乘积。推算路线所有未知边所对角观测值的余切函数值与相应角度改正数乘积的和减去推算路线上所有已知边所对角观测值的余切函数值与相应角度改正数乘积，常数项等于1与极条件(用观测值代替平差值)倒数的差再乘以ρ''($\rho''=206265''$)。例如：

极条件为：

$$\frac{\sin\hat{L}_1\sin\hat{L}_3\sin\hat{L}_5\sin\hat{L}_7}{\sin\hat{L}_2\sin\hat{L}_4\sin\hat{L}_6\sin\hat{L}_8}=1$$

线性化后为：

$$\cot L_1 v_1-\cot L_2 v_2+\cot L_3 v_3-\cot L_4 v_4+\cot L_5 v_5-\cot L_6 v_6+\cot L_7 v_7-\cot L_8 v_8+w_d=0$$

闭合差为：

$$w_d=(1-\frac{\sin L_2\sin L_4\sin L_6\sin L_8}{\sin L_1\sin L_3\sin L_5\sin L_7})\rho''$$

7. 在水准网的条件平差中，条件方程的个数等于多余观测的个数。

8. 间接平差时，参数的个数等于必要观测个数，且参数间独立。误差方程的个数等于观测值的总数，与参数的选择没有关系。

9. (1)在平差中，$\boldsymbol{V}^{\mathrm{T}}\boldsymbol{PV}$的计算如下：

①$\boldsymbol{V}^{\mathrm{T}}\boldsymbol{PV}=(\boldsymbol{QA}^{\mathrm{T}}\boldsymbol{K})^{\mathrm{T}}\boldsymbol{P}(\boldsymbol{QA}^{\mathrm{T}}\boldsymbol{K})=\boldsymbol{K}^{\mathrm{T}}\boldsymbol{AQPQA}^{\mathrm{T}}\boldsymbol{K}=\boldsymbol{K}^{\mathrm{T}}\boldsymbol{N}_{aa}\boldsymbol{K}$

②$\boldsymbol{V}^{\mathrm{T}}\boldsymbol{PV}=\boldsymbol{V}^{\mathrm{T}}\boldsymbol{P}(\boldsymbol{QA}^{\mathrm{T}}\boldsymbol{K})=\boldsymbol{V}^{\mathrm{T}}\boldsymbol{PQA}^{\mathrm{T}}\boldsymbol{K}=(\boldsymbol{AV})^{\mathrm{T}}\boldsymbol{K}=-\boldsymbol{W}^{\mathrm{T}}\boldsymbol{K}=\boldsymbol{W}^{\mathrm{T}}\boldsymbol{N}_{aa}^{-1}\boldsymbol{W}$

则
$$\hat{\sigma}_0^2=\frac{\boldsymbol{V}^{\mathrm{T}}\boldsymbol{PV}}{r}=\frac{\boldsymbol{V}^{\mathrm{T}}\boldsymbol{PV}}{n-t},\hat{\sigma}_0=\sqrt{\frac{\boldsymbol{V}^{\mathrm{T}}\boldsymbol{PV}}{r}}=\sqrt{\frac{\boldsymbol{V}^{\mathrm{T}}\boldsymbol{PV}}{n-t}}$$

平差值函数的协因数为：

$$\boldsymbol{Q}_{\hat{\varphi}\hat{\varphi}}=\boldsymbol{F}^{\mathrm{T}}\boldsymbol{QF}-\boldsymbol{F}^{\mathrm{T}}\boldsymbol{Q}_{VV}\boldsymbol{F}=\boldsymbol{F}^{\mathrm{T}}(\boldsymbol{Q}-\boldsymbol{Q}_{VV})\boldsymbol{F}=\boldsymbol{F}^{\mathrm{T}}\boldsymbol{Q}_{\hat{L}\hat{L}}\boldsymbol{F}$$

或者
$$\begin{aligned}\boldsymbol{Q}_{\hat{\varphi}\hat{\varphi}}&=\boldsymbol{F}^{\mathrm{T}}\boldsymbol{QF}-\boldsymbol{F}^{\mathrm{T}}\boldsymbol{QA}^{\mathrm{T}}\boldsymbol{N}_{aa}^{-1}\boldsymbol{AQF}\\&=\boldsymbol{F}^{\mathrm{T}}\boldsymbol{QF}-(\boldsymbol{AQF})^{\mathrm{T}}\boldsymbol{N}_{aa}^{-1}(\boldsymbol{AQF})\end{aligned}$$

(2)在间接平差中，$\boldsymbol{V}^{\mathrm{T}}\boldsymbol{PV}$的计算如下：

$$\begin{aligned}\boldsymbol{V}^{\mathrm{T}}\boldsymbol{PV}&=(\boldsymbol{B}\hat{\boldsymbol{x}}-\boldsymbol{l})^{\mathrm{T}}\boldsymbol{P}(\boldsymbol{B}\hat{\boldsymbol{x}}-\boldsymbol{l})\\&=\hat{\boldsymbol{x}}^{\mathrm{T}}\boldsymbol{B}^{\mathrm{T}}\boldsymbol{PB}\hat{\boldsymbol{x}}-\hat{\boldsymbol{x}}^{\mathrm{T}}\boldsymbol{B}^{\mathrm{T}}\boldsymbol{Pl}-\boldsymbol{l}^{\mathrm{T}}\boldsymbol{PB}\hat{\boldsymbol{x}}+\boldsymbol{l}^{\mathrm{T}}\boldsymbol{Pl}\\&=(\boldsymbol{N}_{bb}^{-1}\boldsymbol{W})^{\mathrm{T}}\boldsymbol{N}_{bb}(\boldsymbol{N}_{bb}^{-1}\boldsymbol{W})-(\boldsymbol{N}_{bb}^{-1}\boldsymbol{W})^{\mathrm{T}}\boldsymbol{W}-\boldsymbol{W}^{\mathrm{T}}(\boldsymbol{N}_{bb}^{-1}\boldsymbol{W})+\boldsymbol{l}^{\mathrm{T}}\boldsymbol{Pl}\\&=\boldsymbol{l}^{\mathrm{T}}\boldsymbol{Pl}-\boldsymbol{W}^{\mathrm{T}}\boldsymbol{N}_{bb}^{-1}\boldsymbol{W}\\&=\boldsymbol{l}^{\mathrm{T}}\boldsymbol{Pl}-(\boldsymbol{N}_{bb}\hat{\boldsymbol{x}})^{\mathrm{T}}\hat{\boldsymbol{x}}\\&=\boldsymbol{l}^{\mathrm{T}}\boldsymbol{Pl}-\hat{\boldsymbol{x}}^{\mathrm{T}}\boldsymbol{N}_{bb}\hat{\boldsymbol{x}}\end{aligned}$$

平差值函数的中误差计算如下：

$$\frac{1}{p_z}=\boldsymbol{F}^{\mathrm{T}}\boldsymbol{Q}_{\hat{X}\hat{X}}\boldsymbol{F},\sigma_z=\sigma_0\sqrt{\frac{1}{p_z}}$$

10. 当平差问题中不存在多余观测时，无法用条件平差进行处理，也无法用间接平差进行处理。

11. (1)列平差值函数式；

(2)求平差值函数的权倒数；

(3)求平差值函数的中误差。

12. 解：(a)此题中，$n=t$，$r=0$，故此题无条件方程。

(b)$r=n-t=1-0=1$，可列出1个条件方程：

$$H_A+\hat{h}_1-H_B=0$$

(c)$r=n-t=2-1=1$，可列出1个条件方程：

$$H_A+\hat{h}_1+\hat{h}_2-H_B=0$$

(d)$r=n-t=4-2=2$，可列出2个条件方程：

$$H_A+\hat{h}_1+\hat{h}_2-\hat{h}_4-H_B=0$$

$$\hat{h}_2-\hat{h}_3=0$$

(e)$r=n-t=5-2=3$，可列出3个条件方程：

$$H_A+\hat{h}_1+\hat{h}_4-H_B=0$$

$$\hat{h}_1-\hat{h}_2+\hat{h}_3=0$$

$$\hat{h}_3-\hat{h}_4+\hat{h}_5=0$$

(f)$r=n-t=8-4=4$，可列出4个条件方程：

$$\hat{h}_1-\hat{h}_5+\hat{h}_6=0$$

$$\hat{h}_2-\hat{h}_6+\hat{h}_7=0$$

$$\hat{h}_3-\hat{h}_7+\hat{h}_8=0$$

$$\hat{h}_4+\hat{h}_5-\hat{h}_8=0$$

(g)$r=n-t=8$，可列出8个条件方程：

$$\hat{h}_1-\hat{h}_{15}+\hat{h}_{16}=0$$

$$\hat{h}_2-\hat{h}_{14}+\hat{h}_{15}=0$$

$$\hat{h}_{12}-\hat{h}_{13}-\hat{h}_{14}=0$$

$$\hat{h}_3-\hat{h}_{10}+\hat{h}_{12}=0$$

$$\hat{h}_4-\hat{h}_9+\hat{h}_{10}=0$$

$$\hat{h}_5+\hat{h}_8+\hat{h}_9=0$$

$$\hat{h}_6+\hat{h}_7-\hat{h}_8=0$$

$$\hat{h}_3+\hat{h}_4-\hat{h}_{11}=0$$

13. 解：(a)$r=n-t=6-3=3$，可列出3个条件方程：

$$v_1+v_2+v_6+(h_1+h_2+h_6)=0$$

$$v_2-v_3-v_5+(h_2-h_3-h_5)=0$$

$$v_1+v_4+v_5+(h_1+h_4+h_5)=0$$

(b)$r=n-t=9-4=5$，可列出5个条件方程：

$$v_2+v_4+(H_A+h_2+h_4-H_B)=0$$

$$v_1-v_2-v_3+(h_1-h_2-h_3)=0$$

$$v_3-v_4+v_5+(h_3-h_4+h_5)=0$$

$$v_5-v_6+v_7+(h_5-h_6+h_7)=0$$

$$v_6-v_8+v_9+(h_6-h_8+h_9)=0$$

14. 解：(1)条件平差法

本题中，$n=6$，$t=3$，$r=n-t=6-3=3$，可列出3个条件方程：

$$H_A+\hat{h}_1+\hat{h}_5-\hat{h}_6-H_C=0$$

$$H_A+\hat{h}_1+\hat{h}_2+\hat{h}_3-H_B=0$$
$$\hat{h}_2+\hat{h}_4-\hat{h}_5=0$$

即

$$v_1+v_5-v_6=0$$
$$v_1+v_2+v_3+7=0$$
$$v_2+v_4-v_5-6=0$$

$$\boldsymbol{A}=\begin{bmatrix}1&0&0&0&1&-1\\1&1&1&0&0&0\\0&1&0&1&-1&0\end{bmatrix},\boldsymbol{W}=\begin{bmatrix}0\\7\\-6\end{bmatrix}$$

令 $C=2$,根据 $p_i=\dfrac{C}{S_i}$,得

$$p_1=\frac{C}{S_1}=1,p_2=\frac{C}{S_2}=1,p_3=\frac{C}{S_3}=2,p_4=\frac{C}{S_4}=1,p_5=\frac{C}{S_5}=0.8,p_6=\frac{C}{S_6}=1$$

$$\boldsymbol{P}=\begin{bmatrix}1&&&&&\\&1&&&&\\&&2&&&\\&&&1&&\\&&&&0.8&\\&&&&&1\end{bmatrix}\text{则}:\boldsymbol{Q}=\boldsymbol{P}^{-1}=\begin{bmatrix}1&&&&&\\&1&&&&\\&&0.5&&&\\&&&1&&\\&&&&1.25&\\&&&&&1\end{bmatrix}$$

$$\boldsymbol{N}_{aa}=\boldsymbol{AQA}^{\mathrm{T}}=\begin{bmatrix}3.25&1&-1.25\\1&2.5&1\\-1.25&1&3.25\end{bmatrix}$$

$$\boldsymbol{N}_{aa}^{-1}=\frac{1}{13.5}\begin{bmatrix}7.125&-4.5&4.125\\-4.5&9&-4.5\\4.125&-4.5&7.125\end{bmatrix}$$

$$\boldsymbol{K}=-\boldsymbol{N}_{aa}^{-1}\boldsymbol{W}=\begin{bmatrix}4.2\\-6.7\\5.5\end{bmatrix}$$

$$\boldsymbol{V}=\begin{bmatrix}2.50\\1.17\\3.33\\-5.50\\1.67\\4.17\end{bmatrix}\mathrm{mm},\hat{\boldsymbol{h}}=\begin{bmatrix}1.0975\\2.3968\\0.1967\\1.0055\\3.4023\\3.3478\end{bmatrix}\mathrm{m},\hat{\boldsymbol{H}}=\begin{bmatrix}6.0975\\8.4943\\9.4998\end{bmatrix}\mathrm{m}$$

检核:$H_A+\hat{h}_1+\hat{h}_5-\hat{h}_6-H_C=5.000+1.0975+3.4023-3.3478-6.1520=0$

(2)间接平差法

本题中,$n=6,t=3$

令
$$\hat{X}_1=H_{P_1},\hat{X}_2=H_{P_2},\hat{X}_3=H_{P_3}$$
$$\hat{X}_1=X_1^0+\hat{x}_1=H_A+h_1+\hat{x}_1$$

$$\hat{X}_2 = X_2^0 + \hat{x}_2 = H_B - h_3 + \hat{x}_2$$
$$\hat{X}_3 = X_3^0 + \hat{x}_3 = H_C + h_6 + \hat{x}_3$$

得误差方程：

$$\begin{aligned} h_1 + v_1 &= \hat{X}_1 - H_A \\ h_2 + v_2 &= \hat{X}_2 - \hat{X}_1 \\ h_3 + v_3 &= H_B - \hat{X}_2 \\ h_4 + v_4 &= \hat{X}_3 - \hat{X}_2 \\ h_5 + v_5 &= \hat{X}_3 - \hat{X}_1 \\ h_6 + v_6 &= \hat{X}_3 - H_C \end{aligned}$$

$$\begin{bmatrix} v_1 \\ v_2 \\ v_3 \\ v_4 \\ v_5 \\ v_6 \end{bmatrix} = \begin{bmatrix} 1 & 0 & 0 \\ -1 & 1 & 0 \\ 0 & -1 & 0 \\ 0 & -1 & 1 \\ -1 & 0 & 1 \\ 0 & 0 & 1 \end{bmatrix} \begin{bmatrix} \hat{x}_1 \\ \hat{x}_2 \\ \hat{x}_3 \end{bmatrix} - \begin{bmatrix} 0 \\ 7 \\ 0 \\ -13 \\ 0 \\ 0 \end{bmatrix}$$

令 $C=2$，根据 $p_i=\dfrac{C}{S_i}$，得

$$\boldsymbol{P}=\begin{bmatrix} 1 & & & & & \\ & 1 & & & & \\ & & 2 & & & \\ & & & 1 & & \\ & & & & 0.8 & \\ & & & & & 1 \end{bmatrix}$$

法方程为：

$$\boldsymbol{N}_{bb} = \boldsymbol{B}^{\mathrm{T}}\boldsymbol{P}\boldsymbol{B}$$

$$= \begin{bmatrix} 0 & 0 & 0 & 1 & 1 & 1 \\ 0 & 1 & -1 & -1 & 0 & 0 \\ 1 & -1 & 0 & 0 & -1 & 0 \end{bmatrix} \begin{bmatrix} 1 & & & & & \\ & 1 & & & & \\ & & 2 & & & \\ & & & 1 & & \\ & & & & 0.8 & \\ & & & & & 1 \end{bmatrix} \begin{bmatrix} 1 & 0 & 0 \\ -1 & 1 & 0 \\ 0 & -1 & 0 \\ 0 & -1 & 1 \\ -1 & 0 & 1 \\ 0 & 0 & 1 \end{bmatrix}$$

$$= \begin{bmatrix} 2.8 & -1 & -0.8 \\ -1 & 4 & -1 \\ -0.8 & -1 & 2.8 \end{bmatrix}$$

$$\boldsymbol{W} = \boldsymbol{B}^{\mathrm{T}}\boldsymbol{P}\boldsymbol{l}$$

$$=\begin{bmatrix}0&0&0&1&1&1\\0&1&-1&-1&0&0\\1&-1&0&0&-1&0\end{bmatrix}\begin{bmatrix}1&&&&&\\&1&&&&\\&&2&&&\\&&&1&&\\&&&&0.8&\\&&&&&1\end{bmatrix}\begin{bmatrix}0\\7\\0\\-13\\0\\0\end{bmatrix}=\begin{bmatrix}-13\\20\\-7\end{bmatrix}$$

$$\boldsymbol{N}_{bb}^{-1}=\begin{bmatrix}0.472222&0.166667&0.194444\\0.166667&0.333333&0.166667\\0.194444&0.166667&0.472222\end{bmatrix},\hat{\boldsymbol{x}}=\boldsymbol{N}_{bb}^{-1}\boldsymbol{W}=\begin{bmatrix}-2.50\\3.33\\-4.17\end{bmatrix}\text{ mm}$$

$$\hat{\boldsymbol{X}}=\boldsymbol{X}^0+\hat{\boldsymbol{x}}=\begin{bmatrix}6.0975\\8.4943\\9.4998\end{bmatrix}\text{ m}$$

15.解：由题意可知：$n=6,t=3$

令

$$\hat{X}_1=H_E,\hat{X}_2=H_F,\hat{X}_3=H_G$$

所以：

$$\begin{aligned}L_1+v_1&=\hat{X}_1-H_A\\L_2+v_2&=-\hat{X}_1+H_B\\L_3+v_3&=-\hat{X}_1+\hat{X}_2\\L_4+v_4&=\hat{X}_2-\hat{X}_3\\L_5+v_5&=\hat{X}_3-H_C\\L_6+v_6&=\hat{X}_3-H_D\end{aligned}$$

再令：

$$\begin{aligned}\hat{X}_1&=\hat{X}_1^0+\hat{x}_1=H_A+L_1+\hat{x}_1=\hat{x}_1+42.546\\\hat{X}_2&=\hat{X}_2^0+\hat{x}_2=H_A+L_1+L_3+\hat{x}_2=\hat{x}_2+44.061\\\hat{X}_3&=\hat{X}_3^0+\hat{x}_3=H_C+L_5+\hat{x}_3=\hat{x}_3+36.587\end{aligned}$$

这样可得

$$\begin{bmatrix}v_1\\v_2\\v_3\\v_4\\v_5\\v_6\end{bmatrix}=\begin{bmatrix}1&0&0\\-1&0&0\\-1&1&0\\0&1&-1\\0&0&1\\0&0&1\end{bmatrix}\begin{bmatrix}\hat{x}_1\\\hat{x}_2\\\hat{x}_3\end{bmatrix}-\begin{bmatrix}0\\-6\\0\\3\\0\\-9\end{bmatrix}\text{ mm}$$

水准测量的权定义为：

$$p_i=\frac{S_0}{S_i}=\frac{4\text{ km}}{S_i}$$

则

$$P=\begin{bmatrix}1&&&&&\\&1&&&&\\&&2&&&\\&&&1&&\\&&&&2&\\&&&&&2\end{bmatrix}$$

法方程为：

$$\boldsymbol{N}_{bb}=\boldsymbol{B}^{\mathrm{T}}\boldsymbol{P}\boldsymbol{B}=\begin{bmatrix}4&-2&0\\-2&3&-1\\0&-1&5\end{bmatrix},\boldsymbol{W}=\boldsymbol{B}^{\mathrm{T}}\boldsymbol{P}\boldsymbol{l}=\begin{bmatrix}6\\3\\-21\end{bmatrix}\text{ mm}$$

其中可得出：

$$\boldsymbol{N}_{bb}^{-1}=\frac{1}{36}\begin{bmatrix}14&10&2\\10&20&4\\2&4&8\end{bmatrix}$$

解法方程可得：

$$\hat{\boldsymbol{x}}=\boldsymbol{N}_{bb}^{-1}\boldsymbol{W}=\begin{bmatrix}2\\1\\-4\end{bmatrix}\text{ mm}$$

这样 E、F 和 G 高程的最或是值是：

$$\hat{\boldsymbol{X}}=\boldsymbol{X}^0+\hat{\boldsymbol{x}}=\begin{bmatrix}42.548\\44.062\\36.583\end{bmatrix}\text{ m}$$

$$\boldsymbol{V}=\boldsymbol{B}\hat{\boldsymbol{x}}-\boldsymbol{l}=\begin{bmatrix}2\\4\\-1\\2\\-4\\5\end{bmatrix},\boldsymbol{V}^{\mathrm{T}}\boldsymbol{P}\boldsymbol{V}=\sum p_i v_i^2=108,\hat{\sigma}_0=\sqrt{\frac{\boldsymbol{V}^{\mathrm{T}}\boldsymbol{P}\boldsymbol{V}}{n-t}}=6.0\text{ mm}$$

则

$$\hat{\sigma}_{H_E}=\hat{\sigma}_{X_1}=\hat{\sigma}_0\sqrt{\frac{1}{p_{X_1}}}=6.0\times\sqrt{\frac{14}{36}}=3.7\text{ mm}$$

$$\hat{\sigma}_{H_F}=\hat{\sigma}_{X_2}=\hat{\sigma}_0\sqrt{\frac{1}{p_{X_2}}}=6.0\times\sqrt{\frac{20}{36}}=4.5\text{ mm}$$

$$\hat{\sigma}_{H_G}=\hat{\sigma}_{X_3}=\hat{\sigma}_0\sqrt{\frac{1}{p_{X_3}}}=6.0\times\sqrt{\frac{8}{36}}=2.8\text{ mm}$$

因为有：$h_{EF}=-\hat{X}_1+\hat{X}_2=[-1\quad 1\quad 0]\hat{\boldsymbol{X}}=\boldsymbol{F}^{\mathrm{T}}\hat{\boldsymbol{X}}$，则

$$\frac{1}{p_{h_{EF}}}=\boldsymbol{F}^{\mathrm{T}}\boldsymbol{Q}_{\hat{X}\hat{X}}\boldsymbol{F}=[-1\quad 1\quad 0]\frac{1}{36}\begin{bmatrix}14&10&2\\10&20&4\\2&4&8\end{bmatrix}\begin{bmatrix}-1\\1\\0\end{bmatrix}=\frac{7}{18}$$

$$\hat{\sigma}_{h_{EF}}=\hat{\sigma}_0\sqrt{\frac{1}{p_{h_{EF}}}}=6.0\times\sqrt{\frac{7}{18}}=3.7\text{ mm}$$

16. 解：此例中 $n=4,t=2,r=n-t=2$，可列出两个条件方程。

列条件方程：

$$\begin{cases}\hat{h}_1+\hat{h}_2-\hat{h}_3+H_A-H_B=0\\ \hat{h}_2-\hat{h}_4=0\end{cases}$$

由此计算改正数条件方程闭合差

$$\begin{cases}w_a=h_1+h_2-h_3+H_A-H_B=0\\ w_b=h_2-h_4=-4\end{cases}$$

列出改正数条件方程，确定观测值的权

$$\begin{cases}v_1+v_2-v_3+0=0\\ v_2-v_4-4=0\end{cases}$$

或

$$\begin{bmatrix}1&1&-1&0\\0&1&0&-1\end{bmatrix}\begin{bmatrix}v_1\\v_2\\v_3\\v_4\end{bmatrix}+\begin{bmatrix}0\\-4\end{bmatrix}=\begin{bmatrix}0\\0\end{bmatrix}$$

令 $C=1$，则由定权公式 $p_i=\frac{C}{S_i}=\frac{1}{S_i}$，得

$$\boldsymbol{P}^{-1}=\begin{bmatrix}\frac{1}{p_1}&&&\\&\frac{1}{p_2}&&\\&&\frac{1}{p_3}&\\&&&\frac{1}{p_4}\end{bmatrix}=\begin{bmatrix}S_1&&&\\&S_2&&\\&&S_3&\\&&&S_4\end{bmatrix}=\begin{bmatrix}2&&&\\&1&&\\&&2&\\&&&1.5\end{bmatrix}$$

$$\boldsymbol{N}_{aa}=\boldsymbol{A}\boldsymbol{P}^{-1}\boldsymbol{A}^{\mathrm{T}}=\begin{bmatrix}1&1&-1&0\\0&1&0&-1\end{bmatrix}\begin{bmatrix}2&0&0&0\\0&1&0&0\\0&0&2&0\\0&0&0&1.5\end{bmatrix}\begin{bmatrix}1&0\\1&1\\-1&0\\0&-1\end{bmatrix}=\begin{bmatrix}5&1\\1&2.5\end{bmatrix}$$

组成法方程，求联系数向量 $\boldsymbol{K}$。

法方程为：

$$\begin{bmatrix}5&1\\1&2.5\end{bmatrix}\begin{bmatrix}k_a\\k_b\end{bmatrix}+\begin{bmatrix}0\\-4\end{bmatrix}=\begin{bmatrix}0\\0\end{bmatrix}$$

解出：

$$\boldsymbol{K}=\begin{bmatrix}k_a\\k_b\end{bmatrix}=-\begin{bmatrix}5&1\\1&2.5\end{bmatrix}^{-1}\begin{bmatrix}0\\-4\end{bmatrix}=\begin{bmatrix}-0.35\\1.74\end{bmatrix}$$

求观测值改正数和平差值，并检核

$$\boldsymbol{V}=\begin{bmatrix}v_1\\v_2\\v_3\\v_4\end{bmatrix}=\boldsymbol{P}^{-1}\boldsymbol{A}^{\mathrm{T}}\boldsymbol{K}=\begin{bmatrix}2&0&0&0\\0&1&0&0\\0&0&2&0\\0&0&0&1.5\end{bmatrix}\begin{bmatrix}1&0\\1&1\\-1&0\\0&-1\end{bmatrix}\begin{bmatrix}-0.35\\1.74\end{bmatrix}=\begin{bmatrix}-0.7\\1.4\\0.7\\-2.6\end{bmatrix}\text{ mm}$$

$$\hat{\boldsymbol{h}}=\boldsymbol{h}+\boldsymbol{V}=\begin{bmatrix}\hat{h}_1\\\hat{h}_2\\\hat{h}_3\\\hat{h}_4\end{bmatrix}=\begin{bmatrix}-1.0047\\1.5174\\2.5147\\1.5174\end{bmatrix}\text{m}$$

代入条件方程检核，检核无误。

求得 C、D 点高程平差值：

$$\hat{\boldsymbol{H}}=\begin{bmatrix}\hat{H}_C\\\hat{H}_D\end{bmatrix}=\begin{bmatrix}H_A+\hat{h}_1\\H_B+\hat{h}_3\end{bmatrix}=\begin{bmatrix}11.0083\\12.5257\end{bmatrix}\text{m}$$

17. 解：(a)大地四边形可列 3 个图形条件，1 个极条件：

$$v_1+v_2+v_7+v_8+w_1=0\quad w_1=L_1+L_2+L_7+L_8-180$$
$$v_3+v_4+v_5+v_6+w_2=0\quad w_2=L_3+L_4+L_5+L_6-180$$
$$v_5+v_6+v_7+v_8+w_3=0\quad w_3=L_5+L_6+L_7+L_8-180$$
$$-\cot L_4v_4+\cot(L_2+L_3)v_2+\cot(L_2+L_3)v_3-\cot(L_6+L_7)v_6-\cot(L_6+L_7)v_7$$
$$+\cot L_5v_5-\cot L_2v_2+\cot L_7v_7+\rho''w_4=0$$
$$w_4=\left[1-\frac{\sin L_4\sin(L_6+L_7)\sin L_2}{\sin(L_2+L_3)\sin L_5\sin L_7}\right]\rho''$$

(b)$n=24,t=6,r=12$

该图形可以列 12 个条件方程。

其中有 9 个图形条件、1 个圆周条件、2 个极条件。

具体参考(a)、(c)答案。

(c)$n=23,t=6,r=11$

共有 11 个条件方程，其中有 8 个图形条件、2 个极条件、1 个圆周条件。

$$v_1+v_2+v_7+v_3+w_1=0\quad w_1=L_1+L_2+L_7+L_3-180$$
$$v_8+v_4+v_5+v_6+w_2=0\quad w_2=L_8+L_4+L_5+L_6-180$$
$$v_1+v_6+v_7+v_8+w_3=0\quad w_3=L_1+L_6+L_7+L_8-180$$
$$v_{10}+v_{11}+v_{20}+w_4=0\quad w_4=L_{10}+L_{11}+L_{20}-180$$
$$v_{12}+v_{13}+v_{21}+w_5=0\quad w_5=L_{12}+L_{13}+L_{21}-180$$
$$v_{14}+v_{15}+v_{22}+w_6=0\quad w_6=L_{14}+L_{15}+L_{22}-180$$
$$v_{16}+v_{17}+v_{23}+w_7=0\quad w_7=L_{16}+L_{17}+L_{23}-180$$
$$v_{18}+v_{19}+v_9+w_8=0\quad w_8=L_{18}+L_{19}+L_9-180$$
$$v_{19}+v_{21}+v_{20}+v_{22}+v_{23}+w_9=0\quad w_9=L_{19}+L_{21}+L_{20}+L_{22}+L_{23}-360$$
$$\cot L_6v_6+\cot(L_3+L_4)v_4+\cot(L_4+L_3)v_3+\cot L_7v_7-\cot(L_8+L_7)v_7-\cot(L_8+L_7)v_8$$
$$-\cot L_5v_5-\cot L_3v_3+\rho''w_{10}=0$$
$$w_{10}=\left[1-\frac{\sin L_4\sin(L_6+L_7)\sin L_2}{\sin(L_2+L_3)\sin L_5\sin L_7}\right]\rho''$$
$$\cot L_{11}v_{11}+\cot L_{13}v_{13}+\cot L_{15}v_{15}+\cot L_{17}v_{17}+\cot L_{19}v_{19}-\cot L_{18}v_{18}$$
$$-\cot L_{16}v_{16}-\cot L_{14}v_{14}-\cot L_{12}v_{12}-\cot L_{10}v_{10}+\rho''w_{11}=0$$
$$w_{11}=\left(1-\frac{\sin L_{18}\sin L_{16}\sin L_{14}\sin L_{12}\sin L_{10}}{\sin L_{11}\sin L_{13}\sin L_{15}\sin L_{17}\sin L_{19}}\right)\rho''$$

18. 解：(1)根据题意得，图中有两个待定高程点，必要观测数为 $t=2$，于是选取两待定点 P_1 和 P_2 高程平差值分别为未知数 $\hat{X}_1$、$\hat{X}_2$，取两待定点高程近似值为未知数的近似值

$$X_1^0=H_{P_1}^0=H_A+h_1=12.003\ \mathrm{m},X_2^0=H_{P_2}^0=H_C+h_3=12.511\ \mathrm{m}$$

(2)由误差方程式，有

$$\begin{cases}v_1=\hat{x}_1-(H_A+h_1-X_1^0)=\hat{x}_1\\ v_2=-\hat{x}_1+\hat{x}_2-(X_1^0+h_2-X_2^0)=-\hat{x}_1+\hat{x}_2+7\\ v_3=\hat{x}_2-(H_C+h_3-X_2^0)=\hat{x}_2\\ v_4=\hat{x}_1-(H_B+h_4-X_1^0)=\hat{x}_1-2\end{cases}$$

上述方程的矩阵形式如下：

$$\begin{bmatrix}v_1\\v_2\\v_3\\v_4\end{bmatrix}=\begin{bmatrix}1&0\\-1&1\\0&1\\1&0\end{bmatrix}\begin{bmatrix}\hat{x}_1\\\hat{x}_2\end{bmatrix}-\begin{bmatrix}0\\-7\\0\\2\end{bmatrix}$$

按 $p_i=\frac{1}{S_i}$定权，观测值的权阵为：

$$\boldsymbol{P}=\begin{bmatrix}1.0&&&\\&0.5&&\\&&0.5&\\&&&1.0\end{bmatrix}$$

(3)组成法方程

$$\boldsymbol{N}_{bb}=\boldsymbol{B}^{\mathrm{T}}\boldsymbol{PB}=\begin{bmatrix}1&-1&0&1\\0&1&1&0\end{bmatrix}\begin{bmatrix}1.0&&&\\&0.5&&\\&&0.5&\\&&&1.0\end{bmatrix}\begin{bmatrix}1&0\\-1&1\\0&1\\1&0\end{bmatrix}=\begin{bmatrix}2.5&-0.5\\-0.5&1.0\end{bmatrix}$$

$$\boldsymbol{W}=\boldsymbol{B}^{\mathrm{T}}\boldsymbol{Pl}=\begin{bmatrix}1&-1&0&1\\0&1&1&0\end{bmatrix}\begin{bmatrix}1.0&&&\\&0.5&&\\&&0.5&\\&&&1.0\end{bmatrix}\begin{bmatrix}0\\-7\\0\\2\end{bmatrix}=\begin{bmatrix}5.5\\-3.5\end{bmatrix}$$

即法方程为：

$$\begin{bmatrix}2.5&-0.5\\-0.5&1.0\end{bmatrix}\begin{bmatrix}\hat{x}_1\\\hat{x}_2\end{bmatrix}-\begin{bmatrix}5.5\\-3.5\end{bmatrix}=0$$

(4)求解法方程

未知数协因数阵为：

$$\boldsymbol{Q}_{\hat{X}\hat{X}}=\boldsymbol{N}_{bb}^{-1}=\begin{bmatrix}2.5&-0.5\\-0.5&1.0\end{bmatrix}^{-1}=\begin{bmatrix}0.4444&0.2222\\0.2222&1.1111\end{bmatrix}$$

于是未知数的解为：

$$\begin{bmatrix}\hat{x}_1\\\hat{x}_2\end{bmatrix}=\begin{bmatrix}0.4444&0.2222\\0.2222&1.1111\end{bmatrix}\begin{bmatrix}5.5\\-3.5\end{bmatrix}=\begin{bmatrix}1.67\\-2.67\end{bmatrix}\ \mathrm{mm}$$

待定点 P_1 和 P_2 的高程平差值为：

$$\hat{H}_{P_1}=\hat{X}_1=X_1^0+\hat{x}_1=12.003+0.00167=12.0047\ \text{m}$$

$$\hat{H}_{P_2}=\hat{X}_2=X_2^0+\hat{x}_2=12.511-0.00267=12.5083\ \text{m}$$

19. 解：(1)本题 $n=6,t=2,r=n-t=4$

设 D、E 点的高程平差值分别为未知参数 $\hat{X}_1$、$\hat{X}_2$，则平差值方程为：

$$\begin{aligned}\hat{h}_1&=\hat{X}_1-\hat{X}_2\\ \hat{h}_2&=\hat{X}_2-H_B\\ \hat{h}_3&=\hat{X}_2-H_A\\ \hat{h}_4&=\hat{X}_1-H_B\\ \hat{h}_5&=\hat{X}_1-H_A\\ \hat{h}_6&=H_A-\hat{X}_1\end{aligned}$$

则改正数方程式为：

$$\begin{aligned}v_1&=\hat{x}_1-\hat{x}_2-l_1\\ v_2&=\hat{x}_2-l_2\\ v_3&=\hat{x}_2-l_3\\ v_4&=\hat{x}_1-l_4\\ v_5&=\hat{x}_1-l_5\\ v_6&=-\hat{x}_1-l_6\end{aligned}$$

取参数近似值 $X_1^0=H_B+h_1+h_2=22.907\ \text{m}$，$X_2^0=H_B+h_2=24.255\ \text{m}$

令 $C=1$，则观测值的权阵为：

$$\boldsymbol{P}=\begin{bmatrix}1&&&&&\\&1&&&&\\&&1&&&\\&&&1&&\\&&&&1&\\&&&&&1\end{bmatrix}$$

$$\boldsymbol{B}=\begin{bmatrix}1&-1\\0&1\\0&1\\1&0\\1&0\\-1&0\end{bmatrix}\qquad \boldsymbol{l}=\begin{bmatrix}l_1\\l_2\\l_3\\l_4\\l_5\\l_6\end{bmatrix}=\boldsymbol{h}-(\boldsymbol{B}\boldsymbol{X}^0+d)=\begin{bmatrix}h_1-(X_1^0-X_2^0)\\h_2-(X_2^0-H_B)\\h_3-(X_2^0-H_A)\\h_4-(X_1^0-H_B)\\h_5-(X_1^0-H_A)\\h_6-(H_C-X_1^0)\end{bmatrix}=\begin{bmatrix}0\\0\\10\\-5\\5\\7\end{bmatrix}$$

组法方程 $\boldsymbol{N}_{bb}\hat{\boldsymbol{x}}-\boldsymbol{W}=0$，并解法方程：

$$\boldsymbol{N}_{bb}=\boldsymbol{B}^{\mathrm{T}}\boldsymbol{P}\boldsymbol{B}=\begin{bmatrix}4&-1\\-1&3\end{bmatrix}\ \text{mm}\qquad \boldsymbol{W}=\boldsymbol{B}^{\mathrm{T}}\boldsymbol{P}\boldsymbol{l}=\begin{bmatrix}-7\\10\end{bmatrix}\ \text{mm}$$

$$\hat{\boldsymbol{x}}=\boldsymbol{N}_{bb}^{-1}\boldsymbol{W}=\frac{1}{11}\begin{bmatrix}3&1\\1&4\end{bmatrix}\begin{bmatrix}-7\\10\end{bmatrix}=\begin{bmatrix}-1\\3\end{bmatrix}\ \text{mm}$$

求得 D、E 的高程平差值为：

$$\hat{H}_D=\hat{X}_1=X_1^0+\hat{x}_1=22.906\ \text{m}$$

$$\hat{H}_E=\hat{X}_2=X_2^0+\hat{x}_2=24.258\ \text{m}$$

(2)求改正数

$$\boldsymbol{V}=\boldsymbol{B}\hat{\boldsymbol{x}}-\boldsymbol{l}=\begin{bmatrix}-4\\3\\-7\\4\\-6\\-6\end{bmatrix}$$

则单位权中误差为：

$$\hat{\sigma}_0=\sqrt{\frac{\boldsymbol{V}^{\mathrm{T}}\boldsymbol{PV}}{r}}=\sqrt{\frac{162}{4}}=6.36\ \text{mm}$$

则平差后 D、E 高程的协因数阵为：

$$\boldsymbol{Q}_{\hat{X}\hat{X}}=\boldsymbol{N}_{bb}^{-1}=\frac{1}{11}\begin{bmatrix}3&1\\1&4\end{bmatrix}$$

根据协因数与方差的关系，则平差后 D、E 高程的中误差为：

$$\hat{\sigma}_D=\hat{\sigma}_0\sqrt{Q_{11}}=\frac{9\sqrt{66}}{22}\ \text{mm}=3.32\ \text{mm}$$

$$\hat{\sigma}_E=\hat{\sigma}_0\sqrt{Q_{22}}=\frac{9\sqrt{22}}{11}\ \text{mm}=3.84\ \text{mm}$$

习题训练 4 答案

1.(1)点位真误差：观测值通过平差所求得的最或是点位 P' 点相对待定点的真位置 P 点的偏移量 Δ_P 称为 P 点的点位真误差，也叫“真位差”。

(2)点位误差：P 点真位差平方的理论平均值通常定义为 P 点的点位方差，并记为 σ_P^2，它总是等于两个相互垂直的方向上的坐标方差的和。

2.将 P 点的真位差 Δ_P 投影于 AP 方向和垂直 AP 的方向上，则得 Δ_s 和 Δ_u，有 $\Delta_P^2=\Delta_s^2+\Delta_u^2$，则 $\sigma_P^2=\sigma_s^2+\sigma_u^2$，$\sigma_s$ 称为纵向误差，σ_u 称为横向误差。

3.误差曲线或精度曲线：以不同的 $\psi(0°\leqslant\psi\leqslant360°)$ 值代入 $\sigma_\psi^2=E^2\cos^2\psi+F^2\sin^2\psi$，算出各个方向的 σ_ψ 值，以 ψ 和 σ_ψ 为极坐标的点的轨迹必为一闭合曲线。该曲线称为误差曲线，或称为精度曲线。误差曲线可以确定待定点任意方向误差，确定点位中误差，确定待定点到任意三角点的边长中误差、方位中误差。

4.误差椭圆：以位差的极大值 E 和极小值 F 为长短半轴的椭圆来代替相应的误差曲线，用来计算待定点在各方向上的位差，故称该椭圆为误差椭圆。将确定误差椭圆的三个参数 φ_E(极大值方向)、E(位差的极大值)、F(位差的极小值)称为误差椭圆元素。

相对误差椭圆：为了确定任意两个待定点之间相对位置的某些精度，以计算出相对误差椭圆元素绘制出的误差椭圆称为相对误差椭圆。

二者的区别：

(1)在平面控制网中，误差椭圆是衡量待定点与已知点的精度，相对误差椭圆是衡量两个待定点之间的相对位置精度情况。

(2)误差椭圆是以待定点为中心绘制的，而相对误差椭圆则通常以两待定点连线的中点为中心绘制的。

二者的联系：

它们都是为了衡量待定点的精度，只是参考的对象不同，都能反映出待定点相对于参考对象的精度大小。

5. 误差椭圆与相对误差椭圆需要分别计算三要素，且中心不同。误差椭圆是以待定点为中心绘制的，而相对误差椭圆则通常是以两待定点连线的中点为中心绘制的。

6. 解：(1)求极值方向

由法方程系数得

$$\begin{bmatrix} Q_{xx} & Q_{xy} \\ Q_{yx} & Q_{yy} \end{bmatrix} = \begin{bmatrix} 1.287 & 0.411 \\ 0.411 & 1.762 \end{bmatrix}^{-1} = \begin{bmatrix} 0.8395 & -0.1958 \\ -0.1958 & 0.6132 \end{bmatrix} \quad \mathrm{dm}^2/''^2$$

$$\tan 2\varphi_0 = \frac{2Q_{xy}}{Q_{xx}-Q_{yy}} = \frac{2\times(-0.1958)}{0.8395-0.6132} = -1.7304$$

解得：$2\varphi_0 = 300°01'25''$或$120°01'25''$，即极值方向为$150°00'43''$或$60°00'43''$

因为$Q_{xy}<0$，故：$\varphi_E = 150°00'43''$或$330°00'43''$，$\varphi_F = 240°00'43''$或$60°00'43''$

(2)计算单位权方差

$$\boldsymbol{l}^{\mathrm{T}}\boldsymbol{P}\boldsymbol{l} = 4'', \delta\boldsymbol{X} = [\delta x \quad \delta y]^{\mathrm{T}} = [-0.5255 \quad 0.3462]^{\mathrm{T}}$$

$$\boldsymbol{V}^{\mathrm{T}}\boldsymbol{P}\boldsymbol{V} = \boldsymbol{l}^{\mathrm{T}}\boldsymbol{P}\boldsymbol{l} + \boldsymbol{W}^{\mathrm{T}}\delta\boldsymbol{X} = 4 - 0.4170 = 3.583$$

则：$\sigma_0^2 = \boldsymbol{V}^{\mathrm{T}}\boldsymbol{P}\boldsymbol{V}/r = 3.583/2 = 1.7915$

(3)计算位差的极值

$$K = \sqrt{(Q_{xx}-Q_{yy})^2 + 4Q_{xy}^2} = \sqrt{(0.8395-0.6132)^2 + 4\times(-0.1958)^2} = 0.4523$$

$$E^2 = \frac{1}{2}\sigma_0^2(Q_{xx}+Q_{yy}+K) = \frac{1}{2}\times 1.7915\times(0.8395+0.6132+0.4523) = 1.7064\ \mathrm{dm}^2$$

$$F^2 = \frac{1}{2}\sigma_0^2(Q_{xx}+Q_{yy}-K) = \frac{1}{2}\times 1.7915\times(0.8395+0.6132-0.4523) = 0.8961\ \mathrm{dm}^2$$

$$E = \pm 1.3063\ \mathrm{dm}$$

$$F = \pm 0.9466\ \mathrm{dm}$$

7. 解：(1)求极值方向

$Q_{xx} = Q_{yy} = 1.5$，解得：$2\varphi_0 = 90°$或$270°$，即极值方向为$45°$或$135°$

因为$Q_{xy} = 0.2 > 0$，故：$\varphi_E = 45°$或$225°$，$\varphi_F = 135°$或$315°$

(2)计算位差的极值，求P点的点位中误差

$$K = \sqrt{(Q_{xx}-Q_{yy})^2 + 4Q_{xy}^2} = \sqrt{(1.5-1.5)^2 + 4\times 0.2^2} = 0.4$$

$$E = \sqrt{\frac{1}{2}\sigma_0^2(Q_{xx}+Q_{yy}+K)} = 1.30\ \mathrm{dm}$$

$$F = \sqrt{\frac{1}{2}\sigma_0^2(Q_{xx}+Q_{yy}-K)} = 1.14\ \mathrm{dm}$$

P点的点位中误差：$\sigma_P = \sqrt{E^2+F^2} = 1.73\ \mathrm{dm}$

(3)PM方向上的方位角为$\alpha_{PM} = 30°$

$$\begin{aligned}\sigma_{PM} &= \sqrt{\sigma_0^2(Q_{xx}\cos^2\alpha_{PM}+Q_{yy}\sin^2\alpha_{PM}+Q_{xy}\sin2\alpha_{PM})}\\ &= \sqrt{1^2[1.5\cos^2(30°)+1.5\sin^2(30°)+0.2\sin(60°)]}\\ &= \sqrt{1.6732}=1.29\ \text{dm}\end{aligned}$$

或设 PM 的方向角为：

$$\psi = \alpha_{PM} - \varphi_E = 30° - 45° = -15° = 345°$$

$$\sigma_{PM} = \sigma_{\psi} = \sqrt{E^2\cos^2\psi + F^2\sin^2\psi} = \sqrt{1.7\cos^2(345°) + 1.3\sin^2(345°)} = 1.29\ \text{dm}$$

边长相对中误差：

$$\sigma_{PM}/S_{PM} = 1.29/31500 \approx 1/24419$$

PM 边的方位角中误差：计算 PM 边的横向误差，垂直方向的方位角为 $\varphi=30°\pm90°$，则有

$$\sigma_u = \sigma_{\varphi} = \sqrt{\sigma_0^2(Q_{xx}\cos^2\varphi + Q_{yy}\sin^2\varphi + Q_{xy}\sin2\varphi)} = \sqrt{1.3268} = 1.1519$$

$$\sigma_u = \frac{1}{\rho''}\cdot S_{PM}\cdot\sigma_{\alpha_{PM}}$$

$$\sigma_{\alpha_{PM}} = \frac{\rho''\sigma_u}{S_{PM}} = \frac{206265\times1.1519}{31500} = 7.54''$$

8. 解：(1)求极值方向

$$\tan2\varphi_0 = \frac{2Q_{xy}}{Q_{xx}-Q_{yy}} = \frac{2\times(-0.2814)}{1.2277-0.9573} = -2.0814$$

$2\varphi_0 = 295°39'42''$或$115°39'42''$，即极值方向为$147°49'51''$或$57°49'51''$；因为$Q_{xy}<0$，故：

$$\varphi_E = 147°49'51''\text{或}327°49'51'',\ \varphi_F = 57°49'51''\text{或}237°49'51''$$

(2)计算位差的极值

$$K = \sqrt{(Q_{xx}-Q_{yy})^2+4Q_{xy}^2} = \sqrt{(1.2277-0.9573)^2+4\times(-0.2814)^2} = 0.6244$$

则有

$$E^2 = \frac{1}{2}\sigma_0^2(Q_{xx}+Q_{yy}+K) = \frac{1}{2}(5.08)^2(1.2277+0.9573+0.6244) = 36.2503\ \text{cm}^2$$

$$F^2 = \frac{1}{2}\sigma_0^2(Q_{xx}+Q_{yy}-K) = \frac{1}{2}(5.08)^2(1.2277+0.9573-0.6244) = 20.1367\ \text{cm}^2$$

即 $$E=\pm6.02\ \text{cm},\ F=\pm4.49\ \text{cm}$$

(3)求 PM 方向上的位差

PM 的方位角 $\alpha_{PM}=65°29'00''$，则有

$$\begin{aligned}\sigma_{\alpha_{PM}}^2 &= \sigma_0^2(Q_{xx}\cos^2\alpha_{PM}+Q_{yy}\sin^2\alpha_{PM}+Q_{xy}\sin2\alpha_{PM})\\ &= (5.08)^2[1.2277\cos^2(65°29'00'')+0.9573\sin^2(65°29'00'')\\ &\quad -0.2814\sin(130°58'00'')]\\ &= 20.4226\ \text{cm}^2\end{aligned}$$

即 $$\sigma_{\varphi} = \sigma_{\alpha_{PM}} = 4.52\ \text{cm}$$

(4)计算 P 点的点位中误差

$$\sigma_P^2 = \sigma_0^2(Q_{xx}+Q_{yy}) = (5.08)^2(1.2277+0.9573) = 56.3870\ \text{cm}^2$$

即 $$\sigma_P = 7.51\ \text{cm}$$

或 $$\sigma_P = \sqrt{E^2+F^2} = \sqrt{36.2503+20.1367} = 7.51\ \text{cm}$$

9. 解：可列函数式：

$$x_P = x_A + S\cos(\alpha_{AB}+\beta)$$
$$y_P = y_A + S\sin(\alpha_{AB}+\beta)$$

求全微分 dx_P、dy_P 且 dS 以毫米(mm)为单位，得

$$\begin{bmatrix} dx_P \\ dy_P \end{bmatrix} = \begin{bmatrix} \cos\alpha_{AP} & -\frac{1000}{\rho}\Delta y_{AP} \\ \sin\alpha_{AP} & \frac{1000}{\rho}\Delta x_{AP} \end{bmatrix} \begin{bmatrix} dS \\ d\beta \end{bmatrix}$$

对上式应用协方差传播律，得

$$\begin{bmatrix} \sigma_x^2 & \sigma_{xy} \\ \sigma_{yx} & \sigma_y^2 \end{bmatrix} = \begin{bmatrix} 0.266201 & -2.804621 \\ 0.963918 & 0.774540 \end{bmatrix} \begin{bmatrix} 100 & 0 \\ 0 & 16 \end{bmatrix} \begin{bmatrix} 0.266201 & 0.963918 \\ -2.804621 & 0.7745403 \end{bmatrix}$$
$$= \begin{bmatrix} 132.940681 & -9.097065 \\ -9.097065 & 102.512387 \end{bmatrix}$$

得

$$\tan 2\varphi_0 = \frac{2\sigma_{xy}}{\sigma_x^2 - \sigma_y^2} = \frac{2\times(-9.097065)}{132.940681 - 102.512387} = -0.59793$$

解得　　$$2\varphi_0 = 149°07'24'' \text{或} 329°07'24''$$

即　　$$\varphi_0 = 74°33'42'' \text{或} 164°33'42''$$

因为　　$$\sigma_{xy} = -9.082 < 0$$

所以极大值方向为：

$$\varphi_E = 164°33'42''$$

极大值为：

$$E = \pm\sqrt{\sigma_x^2\cos^2\varphi_E + \sigma_y^2\sin^2\varphi_E + \sigma_{xy}\sin 2\varphi_E} = \pm 11.64\ \text{mm}$$

或

$$E = \pm\sqrt{\frac{1}{2}(\sigma_x^2+\sigma_y^2) + \sqrt{(\sigma_x^2-\sigma_y^2)+4\sigma_{xy}^2}} = \pm 11.64\ \text{mm}$$

10. 解：(1)计算 P_1 点的误差椭圆元素

由于

$$\tan 2\varphi_0 = \frac{2Q_{x_1y_1}}{Q_{x_1x_1} - Q_{y_1y_1}} = \frac{2\times 0.0044}{0.0121 - 0.0161} = -2.2$$

得　　$$2\varphi_{E_1} = 114°26'38'' \text{或} 294°26'38''$$

由于 $Q_{x_1y_1} > 0$，所以极大值为：$\varphi_{E_1} = 57°13'19''$或 $237°13'19''$

$$E_1 = \pm\sigma_0\sqrt{\frac{1}{2}\left[(Q_{x_1x_1}+Q_{y_1y_1}) + \sqrt{(Q_{x_1x_1}-Q_{y_1y_1})^2 + 4Q_{x_1y_1}^2}\right]}$$
$$= \pm 1.3\sqrt{\frac{1}{2}\left[(0.0121+0.0161) + \sqrt{(0.0121-0.0161)^2 + 4\times 0.0044^2}\right]}$$
$$= \pm\sqrt{0.0320} = \pm 0.18\ \text{dm}$$

$$F_1 = \pm\sigma_0\sqrt{\frac{1}{2}\left[(Q_{x_1x_1}+Q_{y_1y_1}) - \sqrt{(Q_{x_1x_1}-Q_{y_1y_1})^2 + 4Q_{x_1y_1}^2}\right]}$$

$$=\pm 1.3\sqrt{\frac{1}{2}\left[(0.0121+0.0161)-\sqrt{(0.0121-0.0161)^2+4\times 0.0044^2}\right]}$$

$$=\pm\sqrt{0.0157}=\pm 0.13\ \text{dm}$$

(2)计算 P_2 点的误差椭圆元素

$$\tan 2\varphi_0=\frac{2Q_{x_2y_2}}{Q_{x_2x_2}-Q_{y_2y_2}}=\frac{2\times 0.0041}{0.0117-0.0169}=-1.5769$$

得
$$2\varphi_{E_2}=302^\circ 22'25''\text{或 }122^\circ 22'25''$$

由于 $Q_{x_2y_2}>0$,所以极大值为:$\varphi_{E_2}=61^\circ 11'26''$或 $241^\circ 11'26''$

$$E_2=\pm 1.3\sqrt{\frac{1}{2}\left[(0.0117+0.0169)+\sqrt{(0.0117-0.0169)^2+4\times 0.0041^2}\right]}$$

$$=\pm\sqrt{0.0324}=\pm 0.18\ \text{dm}$$

$$F_2=\pm 1.3\sqrt{\frac{1}{2}\left[(0.0117+0.0169)-\sqrt{(0.0117-0.0169)^2+4\times 0.0041^2}\right]}$$

$$=\pm\sqrt{0.0160}=\pm 0.13\ \text{dm}$$

(3)计算 P_1 与 P_2 的相对误差椭圆元素

$$Q_{\Delta x\Delta x}=Q_{x_1x_1}+Q_{x_2x_2}-2Q_{x_1x_2}=0.0121+0.0117-2\times 0.0023=0.0192$$

$$Q_{\Delta y\Delta y}=Q_{y_1y_1}+Q_{y_2y_2}-2Q_{y_1y_2}=0.0161+0.0169-2\times 0.0032=0.0266$$

$$Q_{\Delta x\Delta y}=Q_{x_1y_1}+Q_{x_2y_2}-Q_{x_1y_2}-Q_{x_2y_1}$$

$$=0.0044+0.0041-0.0025-0.0024=0.0036$$

$$\begin{bmatrix}Q_{\Delta x\Delta x} & Q_{\Delta x\Delta y}\\ Q_{\Delta y\Delta x} & Q_{\Delta y\Delta y}\end{bmatrix}=\begin{bmatrix}0.0192 & 0.0036\\ 0.0036 & 0.0266\end{bmatrix}$$

$$\tan 2\varphi_0=\frac{2Q_{\Delta x\Delta y}}{Q_{\Delta x\Delta x}-Q_{\Delta y\Delta y}}=\frac{2\times 0.0036}{0.0192-0.0266}=-0.9730$$

得
$$2\varphi_{E_{12}}=135^\circ 47'05''\text{或 }315^\circ 47'05''$$

由于 $Q_{\Delta x\Delta y}>0$,所以极大值为:$\varphi_{E_{12}}=67^\circ 53'33''$或 $247^\circ 53'33''$

$$E_{12}=\pm\sigma_0\sqrt{\frac{1}{2}\left[(Q_{\Delta x\Delta x}+Q_{\Delta y\Delta y})+\sqrt{(Q_{\Delta x\Delta x}-Q_{\Delta y\Delta y})^2+4Q_{\Delta x\Delta y}^2}\right]}$$

$$=\pm 1.3\sqrt{\frac{1}{2}\left[(0.0192+0.0266)+\sqrt{(0.0192-0.0266)^2+4\times(0.0036)^2}\right]}$$

$$=\pm\sqrt{0.0474}=\pm 0.22\ \text{dm}$$

$$F_{12}=\pm\sigma_0\sqrt{\frac{1}{2}\left[(Q_{\Delta x\Delta x}+Q_{\Delta y\Delta y})-\sqrt{(Q_{\Delta x\Delta x}-Q_{\Delta y\Delta y})^2+4Q_{\Delta x\Delta y}^2}\right]}$$

$$=\pm 1.3\sqrt{\frac{1}{2}\left[(0.0192+0.0266)-\sqrt{(0.0192-0.0266)^2+4\times(0.0036)^2}\right]}$$

$$=\pm\sqrt{0.0300}=\pm 0.17\ \text{dm}$$

11. 解:(1)在误差曲线上作出平差后 PA 边的中误差:

连接 P、A 两点,并与误差曲线交于点 a,则 Pa 的长度为平差后 PA 边的中误差,即

$$\hat{\sigma}_{PA}=\overline{Pa}$$

(2)在误差椭圆上作出平差后 PA 方位角的中误差:

作垂直于 PA 方向的垂线 Pc，作垂直于 Pc 方向的垂线 cb，且与误差椭圆相切，垂足为 c 点，则 Pc 的长度为平差后 PA 边的横向误差 $\hat{\sigma}_{u_{PA}}$，则平差后 PA 方位角的中误差为：

$$\hat{\sigma}_{\alpha_{PA}} \approx \frac{\hat{\sigma}_{u_{PA}}}{S_{PA}}\rho'' = \frac{\overline{Pc}}{S_{PA}}\rho''$$

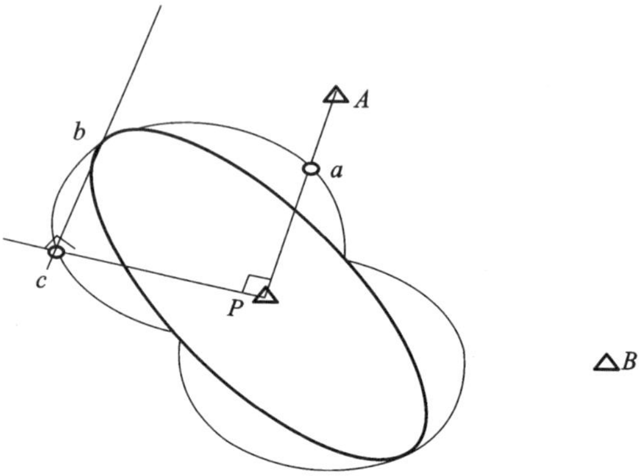

(3)因为 $\varphi_F = 52°$

则 $\varphi_E = 142°$

则 $\psi = \varphi - \varphi_E = 102° - 142° = -40°$

所以：

$$\begin{aligned}\hat{\sigma}_{\varphi}^2 = \hat{\sigma}_{\psi}^2 &= E^2\cos^2\psi + F^2\sin^2\psi \\ &= 25\times\cos^2(-40°) + 4\times\sin^2(-40°) \\ &= 16.323\ \text{mm}^2\end{aligned}$$

因此，方位角为 102°的 PB 边的中误差为：

$$\hat{\sigma}_{\varphi} = \hat{\sigma}_{\psi} = 4.04\ \text{mm}$$

习题训练 5 答案

略

技能测试答案

一、

1.A　2.A　3.B　4.C　5.D　6.B　7. A　8.C　9.B　10.C

二、

1.10　2.0.8″　3.36.3 mm　4.n　5. 相等;相等;相同;不等

6.$\frac{1}{2}$,1　7.3 dm　8. $K_1\boldsymbol{D}_1+K_2\boldsymbol{D}_{12}$　9. n　10. $\boldsymbol{N}_{bb}^{-1}$

三、

1.F　2.T　3.F　4.T　5.F　6.F　7.T　8.F　9.T　10.F　11.T　12.F　13.T　14.T　15. F　16.T　17.F　18.F　19.F　20.T

四、

1.由于观测受观测条件的影响,所以观测值中存在观测误差。观测条件包括观测者、仪器工具和外界环境。

2.必要起算数据指确定几何(物理)图形的位置,所必须具有的已知数据。

各控制网的必要起算数据的确定依据如下:

(1)水准网:一个已知高程点。

(2)测站平差:一个已知方位。

(3)测角网:一个已知点坐标,一个方位,一个边或两个相临点坐标。

(4)测边网和边网:一个已知点坐标,一个已知方位。

3.参数个数等于必要观测个数;所选参数之间线性无关。

4.独立测角网的条件方程有图形条件、圆周条件和极条件三种类型。圆周条件的个数等于中点多边形的个数,极条件的个数等于中点多边形、大地四边形和扇形的总数,图形条件的个数等于互不重叠的三角形个数加上实对角线的条数。

5. (1)计算各待定点的近似坐标(X^0,Y^0);

(2) 由待定点的近似坐标和已知点的坐标计算各待定边的近似坐标方位角 α^0 和近似边长 S^0;

(3) 列出各待定边坐标方位角改正数方程,并求解其系数;

(4) 列立误差方程,计算系数和常数。

五、计算题

1.解:(1) $\boldsymbol{B}^{\mathrm{T}}\boldsymbol{P}\boldsymbol{B}\hat{\boldsymbol{x}}-\boldsymbol{B}\boldsymbol{P}\boldsymbol{l}=0$

$$\hat{x}=\begin{bmatrix}10 & -2\\ -2 & 8\end{bmatrix}^{-1}\begin{bmatrix}-6\\ -14\end{bmatrix}=\begin{bmatrix}-1\\ -2\end{bmatrix}$$

(2)$\sigma_0=\sqrt{\dfrac{V^TPV}{n-t}}$

(3)$V^TPV=l^TPl-(B^TPB)^{-1}\hat{x}=66-\begin{bmatrix}-6\\ -14\end{bmatrix}\begin{bmatrix}-1\\ -2\end{bmatrix}=32$

其中 $n=10,t=2,\sigma_0=\sqrt{\dfrac{32}{8}}=2$

$$Q_{FF}=\begin{bmatrix}4 & 3\end{bmatrix}\begin{bmatrix}\sigma_1^2 & \\ & \sigma_2^2\end{bmatrix}\begin{bmatrix}4\\ 3\end{bmatrix}$$

$\sigma_1=\sigma_2=\sigma_0$，故 $Q_{FF}=25$

$\dfrac{1}{p_F}=Q_{FF}=25$

2. 解：观测值个数 $n=12$，待定点个数 $t=3$，多余观测个数 $r=n-2t=6$

①图形条件 4 个：

$$v_1+v_2+v_3-w_a=0\quad w_a=-(L_1+L_2+L_3-180)$$
$$v_4+v_5+v_6-w_b=0\quad w_b=-(L_4+L_5+L_6-180)$$
$$v_7+v_8+v_9-w_c=0\quad w_c=-(L_7+L_8+L_9-180)$$
$$v_{10}+v_{11}+v_{12}-w_d=0\quad w_d=-(L_{10}+L_{11}+L_{12}-180)$$

②圆周条件 1 个：

$$v_3+v_6+v_9-w_e=0\quad w_e=-(L_3+L_6+L_9-360)$$

③极条件 1 个：

$$\cot L_2 v_2+\cot L_5 v_5+\cot L_8 v_8-\cot L_1 v_1-\cot L_4 v_4-\cot L_7 v_7-w_f=0$$
$$w_f=-(1-\frac{\sin L_1\sin L_4\sin L_7}{\sin L_2\sin L_5\sin L_8})\rho''$$

3. 解：(1)L 向量的权阵为：

$$P=\begin{bmatrix}1 & & & \\ & 1 & & \\ & & \ddots & \\ & & & 1\end{bmatrix}$$

则 L 的协因数阵为：

$$Q_{LL}=P^{-1}=\begin{bmatrix}1 & & & \\ & 1 & & \\ & & \ddots & \\ & & & 1\end{bmatrix}$$

$$\begin{aligned}T&=5x+253\\&=5(\alpha_1L_1+\alpha_2L_2+\cdots+\alpha_nL_n)+253\\&=5\alpha_1L_1+5\alpha_2L_2+\cdots+5\alpha_nL_n+253\end{aligned}$$

$$= 5\boldsymbol{A}[1 \quad 1 \quad \cdots \quad 1]\begin{bmatrix} L_1 \\ L_2 \\ \vdots \\ L_n \end{bmatrix} + 253$$

$$\begin{aligned} F &= 2y + 671 \\ &= 2(\beta_1 L_1 + \beta_2 L_2 + \cdots + \beta_n L_n) + 671 \\ &= 2\beta_1 L_1 + 2\beta_2 L_2 + \cdots + 2\beta_n L_n + 671 \\ &= 2\boldsymbol{B}[1 \quad 1 \quad \cdots \quad 1]\begin{bmatrix} L_1 \\ L_2 \\ \vdots \\ L_n \end{bmatrix} + 671 \end{aligned}$$

依协因数传播定律,则有

函数 T 的权倒数阵为:

$$\frac{1}{\boldsymbol{P}_T} = \boldsymbol{Q}_{TT} = 5\boldsymbol{A}[1 \quad 1 \quad \cdots \quad 1]\boldsymbol{Q}_{LL}(5\boldsymbol{A}[1 \quad 1 \quad \cdots \quad 1])^{\mathrm{T}} = 25n\boldsymbol{A}^2$$

则其权阵为:$\boldsymbol{P}_T = \dfrac{1}{25n\boldsymbol{A}^2}$

则函数 F 的权倒数阵为:

$$\frac{1}{\boldsymbol{P}_F} = \boldsymbol{Q}_{FF} = 2\boldsymbol{B}[1 \quad 1 \quad \cdots \quad 1]\boldsymbol{Q}_{LL}(2\boldsymbol{B}[1 \quad 1 \quad \cdots \quad 1])^{\mathrm{T}} = 4n\boldsymbol{B}^2$$

则其权阵为:$\boldsymbol{P}_F = \dfrac{1}{4n\boldsymbol{B}^2}$

(2)

$$\begin{aligned} y &= \beta_1 L_1 + \beta_2 L_2 + \cdots + \beta_n L_n \\ &= \boldsymbol{B}[1 \quad 1 \quad \cdots \quad 1]\begin{bmatrix} L_1 \\ L_2 \\ \vdots \\ L_n \end{bmatrix} \end{aligned}$$

依协因数传播定律,有

$$\boldsymbol{Q}_{Ty} = 5\boldsymbol{A}[1 \quad 1 \quad \cdots \quad 1]\boldsymbol{Q}_{LL}(\boldsymbol{B}[1 \quad 1 \quad \cdots \quad 1])^{\mathrm{T}} = 5n\boldsymbol{AB}$$

$$\boldsymbol{Q}_{TF} = 5\boldsymbol{A}[1 \quad 1 \quad \cdots \quad 1]\boldsymbol{Q}_{LL}(2\boldsymbol{B}[1 \quad 1 \quad \cdots \quad 1])^{\mathrm{T}} = 10n\boldsymbol{AB}$$

4. 证明:设水准路线全长为 S,h_1 水准路线长度为 T,则 h_2 水准路线长度为 $S-T$;设每公里(千米)中误差为单位权中误差,则

h_1 的权为 $1/T$,h_2 的权为 $1/(S-T)$,则其权阵为:

$$\boldsymbol{P} = \begin{bmatrix} 1/T & 0 \\ 0 & 1/(S-T) \end{bmatrix}$$

平差值条件方程式为:

$$H_A + \hat{h}_1 + \hat{h}_2 - H_B = 0$$

则

$$\boldsymbol{A} = [1 \quad 1]$$

$$\boldsymbol{N}_{aa} = \boldsymbol{A}\boldsymbol{P}^{-1}\boldsymbol{A}^{\mathrm{T}} = S$$

由于平差值协因数阵：$\boldsymbol{Q}_{\hat{L}\hat{L}} = \boldsymbol{Q}_{LL} - \boldsymbol{Q}_{LL}\boldsymbol{A}^{\mathrm{T}}\boldsymbol{N}_{aa}^{-1}\boldsymbol{A}\boldsymbol{Q}_{LL}$

则高差平差值的协因数阵为：

$$\boldsymbol{Q}_{\hat{L}\hat{L}} = \boldsymbol{Q}_{LL} - \boldsymbol{Q}_{LL}\boldsymbol{A}^{\mathrm{T}}\boldsymbol{N}_{aa}^{-1}\boldsymbol{A}\boldsymbol{Q}_{LL} = \frac{T(S-T)}{S}\begin{bmatrix} 1 & -1 \\ -1 & 1 \end{bmatrix}$$

则平差后 P 点的高程为：

$$H_P = H_A + \hat{h}_1 = H_A + [1 \quad 0]\begin{bmatrix} \hat{h}_1 \\ \hat{h}_2 \end{bmatrix}$$

则平差后 P 点的权倒数（协因数）为：

$$\boldsymbol{Q}_P = \boldsymbol{F}^{\mathrm{T}}\boldsymbol{Q}_{LL}\boldsymbol{F} - \boldsymbol{F}^{\mathrm{T}}\boldsymbol{Q}_{LL}\boldsymbol{A}^{\mathrm{T}}\boldsymbol{N}_{aa}^{-1}\boldsymbol{A}\boldsymbol{Q}_{LL}\boldsymbol{F} = \frac{T(S-T)}{S}$$

求最弱点位，即为求最大方差，由方差与协因数之间的关系可知，也就是求最大协因数（权倒数），上式对 T 求导令其等于零，则

$$\frac{S-2T}{S} = 0 \qquad T = S/2$$

则在水准路线中央的点位的方差最大，也就是最弱点位，命题得证。

5. 解：

(1) $\varphi_E = 157.5°(337.5°)$，$\varphi_F = 67.5°(247.5°)$

(2) $E = \pm 2.97$ cm，$F = \pm 1.78$ cm

(3) $\hat{\sigma}_P^2 = 12.00\ \mathrm{cm}^2$

(4) $\hat{\sigma}_\varphi = 2.94$ cm

6. 解：参数协因数阵：

$$\boldsymbol{Q}_{\hat{X}\hat{X}} = \boldsymbol{N}_{bb}^{-1} = \begin{bmatrix} 5 & -4 \\ -4 & 5 \end{bmatrix}^{-1} = \frac{1}{9}\begin{bmatrix} 5 & 4 \\ 4 & 5 \end{bmatrix}$$

评定精度量的函数式：

$$\hat{\varphi} = \hat{h}_2 = -\hat{X}_1 + \hat{X}_2$$

其权倒数为：

$$\boldsymbol{Q}_{\hat{\varphi}} = \boldsymbol{Q}_{\hat{h}_3} = [-1 \quad 1]\frac{1}{9}\begin{bmatrix} 5 & 4 \\ 4 & 5 \end{bmatrix}\begin{bmatrix} -1 \\ 1 \end{bmatrix} = \frac{2}{9}$$

7. 解：(1)本题中，$n=4$，$t=2$，$r=n-t=2$

则平差值条件方程式 $\boldsymbol{A}\hat{h} + \boldsymbol{A}_0 = 0$ 写为：

$$H_B + \hat{h}_2 + \hat{h}_1 - H_A = 0$$
$$H_C - \hat{h}_4 + \hat{h}_3 + \hat{h}_1 - H_A = 0$$

则改正数方程式 $\boldsymbol{A}v - w = 0$ 写为：

$$v_1 + v_2 - w_1 = 0$$
$$v_1 + v_3 - v_4 - w_2 = 0$$

则

$$\boldsymbol{A}=\begin{bmatrix}1 & 1 & 0 & 0\\ 1 & 0 & 1 & -1\end{bmatrix},\quad \boldsymbol{V}=\begin{bmatrix}v_1\\ v_2\\ v_3\\ v_4\end{bmatrix}$$

$$\boldsymbol{W}=-(\boldsymbol{A}\boldsymbol{h}+\boldsymbol{A}_0)=-\begin{bmatrix}H_B+h_2+h_1-H_A\\ H_C-h_4+h_3+h_1-H_A\end{bmatrix}=\begin{bmatrix}-2\\ 4\end{bmatrix}$$

令 $C=1$,观测值的权倒数为:

$$\boldsymbol{P}^{-1}=\begin{bmatrix}1 & & & \\ & 1 & & \\ & & 1 & \\ & & & 1\end{bmatrix}$$

则组成法方程,并解法方程:

$$\mathbf{N}_{aa}=\boldsymbol{A}\boldsymbol{P}^{-1}\mathbf{A}^{\mathrm{T}}=\begin{bmatrix}2 & 1\\ 1 & 3\end{bmatrix},\quad \mathbf{K}=\mathbf{N}_{aa}^{-1}\boldsymbol{W}=\begin{bmatrix}-2\\ 2\end{bmatrix}$$

求改正数,计算平差值:

$$\mathbf{V}=\begin{bmatrix}v_1\\ v_2\\ v_3\end{bmatrix}=\boldsymbol{P}^{-1}\mathbf{A}^{\mathrm{T}}\mathbf{K}=\begin{bmatrix}0\\ -2\\ 2\\ -2\end{bmatrix},\quad \hat{\boldsymbol{h}}=\begin{bmatrix}\hat{h}_1\\ \hat{h}_2\\ \hat{h}_3\\ \hat{h}_4\end{bmatrix}=\boldsymbol{h}+\mathbf{V}=\begin{bmatrix}-1.044\\ 1.309\\ 0.543\\ -1.245\end{bmatrix}$$

则 P_1、P_2 点高程平差值为:

$$\hat{H}_{P_1}=H_A-\hat{h}_1=33.044\ \mathrm{m}$$

$$\hat{H}_{P_2}=H_C-\hat{h}_4=32.051\ \mathrm{m}$$

(2)单位权中误差:

$$\hat{\sigma}_0=\sqrt{\frac{\mathbf{V}^{\mathrm{T}}\boldsymbol{P}\mathbf{V}}{r}}=\sqrt{\frac{\mathbf{V}^{\mathrm{T}}\boldsymbol{P}\mathbf{V}}{2}}=\sqrt{6}=2.45\ \mathrm{mm}$$

由上式知:

$$H_{P_1}=H_A-\hat{h}_1=H_A+\begin{bmatrix}-1 & 0 & 0 & 0\end{bmatrix}\begin{bmatrix}\hat{h}_1\\ \hat{h}_2\\ \hat{h}_3\\ \hat{h}_4\end{bmatrix}$$

$$H_{P_2}=H_C-\hat{h}_4=H_C+\begin{bmatrix}0 & 0 & 0 & -1\end{bmatrix}\begin{bmatrix}\hat{h}_1\\ \hat{h}_2\\ \hat{h}_3\\ \hat{h}_4\end{bmatrix}$$

由于 $\boldsymbol{Q}_{\hat{L}\hat{L}}=\boldsymbol{Q}_{LL}-\boldsymbol{Q}_{LL}\mathbf{A}^{\mathrm{T}}\mathbf{N}_{aa}^{-1}\boldsymbol{A}\boldsymbol{Q}_{LL}$, $\boldsymbol{Q}_P=\boldsymbol{F}^{\mathrm{T}}\boldsymbol{Q}_{LL}\boldsymbol{F}-\boldsymbol{F}^{\mathrm{T}}\boldsymbol{Q}_{LL}\mathbf{A}^{\mathrm{T}}\mathbf{N}_{aa}^{-1}\boldsymbol{A}\boldsymbol{Q}_{LL}\boldsymbol{F}$

则 P_1、P_2 点的权倒数为:

$$\boldsymbol{Q}_{P_1}=\frac{2}{5}$$

$$Q_{P_2} = \frac{3}{5}$$

则 P_1、P_2 点的中误差为：

$$\hat{\sigma}_{P_1} = \hat{\sigma}_0 \sqrt{Q_{P_1}} = \sqrt{6} \times \sqrt{\frac{2}{5}} \text{ mm} = 1.55 \text{ mm}$$

$$\hat{\sigma}_{P_2} = \hat{\sigma}_0 \sqrt{Q_{P_2}} = \sqrt{6} \times \sqrt{\frac{3}{5}} \text{ mm} = 1.90 \text{ mm}$$

8. 解：$E^2 = 2.0 \text{ cm}^2$，$F^2 = 1.5 \text{ cm}^2$，$\sigma_\beta = 11.9''$。

9. 解：改正数条件方程为：

$$v_1 + v_2 + v_3 + w_a = 0,\quad w_a = L_1 + L_2 + L_3 - 180^\circ$$
$$v_4 + v_5 + v_6 + w_b = 0,\quad w_b = L_4 + L_5 + L_6 - 180^\circ$$
$$v_7 + v_8 + v_9 + w_c = 0,\quad w_c = L_7 + L_8 + L_9 - 180^\circ$$
$$v_2 + v_6 + v_8 + w_d = 0,\quad w_d = L_2 + L_6 + L_8 - 180^\circ$$
$$\cot L_1 v_1 - \cot L_3 v_3 + \cot L_4 v_4 - \cot L_5 v_5 + \cot L_7 v_7 - \cot L_9 v_9 + w_e = 0$$
$$w_e = \rho''[(1 - \sin L_3 \sin L_5 \sin L_9)/(\sin L_1 \sin L_4 \sin L_7)]$$

权函数式为：

$$\frac{d\hat{S}_{CD}}{\hat{S}_{CD}} = \cot L_1 d\hat{L}_1 - \cot L_2 d\hat{L}_2 + \cot L_4 d\hat{L}_4 - \cot L_5 d\hat{L}_5$$

10. 解：(1)必要观测数 $t=2$。

(2)选取∠1、∠2 的平差值分别为未知数 $\hat{X}_1$ 和 $\hat{X}_2$，选取未知的近似值为：

$$X_1^0 = L_1 = 135^\circ25'20''$$
$$X_2^0 = L_2 = 90^\circ40'08''$$

则：

$$\hat{X}_1 = X_1^0 + \delta x_1 = 135^\circ25'20'' + \delta x_1$$
$$\hat{X}_2 = X_2^0 + \delta x_2 = 90^\circ40'08'' + \delta x_2$$

(3)列立平差值方程，并转化为误差方程。

$$\hat{L}_1 = L_1 + v_1 = \hat{X}_1$$
$$\hat{L}_2 = L_2 + v_2 = \hat{X}_2$$
$$\hat{L}_3 = L_3 + v_3 = 360^\circ - \hat{X}_1 - \hat{X}_2$$
$$\hat{L}_4 = L_4 + v_4 = \hat{X}_1 + \hat{X}_2$$

整理得误差方程为：

$$v_1 = \delta x_1$$
$$v_2 = \delta x_2$$
$$v_3 = -\delta x_1 - \delta x_2 - 10$$
$$v_4 = \delta x_1 + \delta x_2 - 15$$

附录 A　平差易软件

A.1　平差易简介

平差易(Power Adjust 2005,简称 PA2005)是南方测绘公司在 Windows 系统下用 VC 开发的控制测量数据处理软件。该软件采用了 Windows 风格的数据输入技术和多种数据接口技术(南方系列产品接口、其他软件文件接口),同时辅以网图动态显示,实现了从数据采集、数据处理到成果打印的一体化。该软件成果输出功能丰富强大、多种多样,平差报告完整详细,报告内容也可根据用户需要自行定制,另有详细的精度统计和网形分析信息等。该软件界面友好,功能强大,操作简便,是控制测量理想的数据处理软件之一。

A.2　系统功能菜单

启动平差易的执行程序后即可进入平差易的主界面。主界面中包括测站信息区、观测信息区、图形显示区以及顶部下拉菜单和工具条。PA2005 的操作界面主要分为两部分:顶部下拉菜单和工具条。PA2005 主界面如图 A-1 所示。

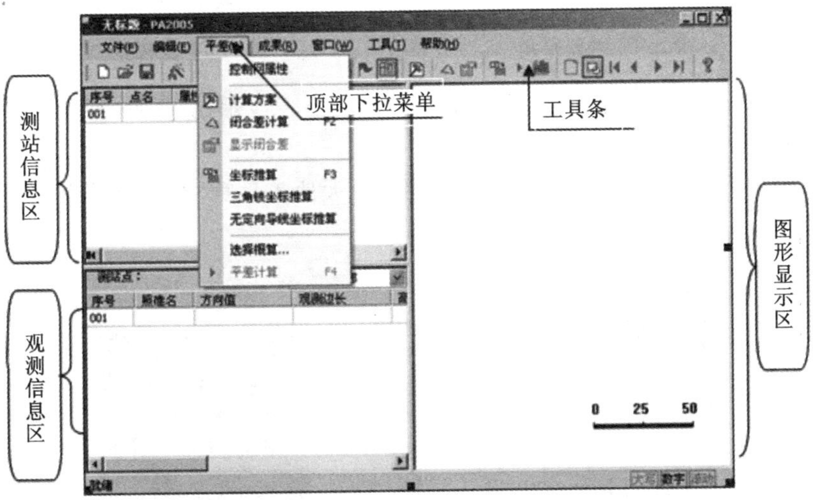

图 A-1　PA2005 主界面

平差易的系统功能菜单与 Windows 系统下的应用软件的菜单基本相似,所有 PA2005 的功能都包含在顶部的下拉菜单中,可以通过操作平差易下拉菜单来完成平差计算的所有工作。例如文件读入和保存、平差计算、成果输出等。下面对各功能菜单及工具条进行简单介绍。

(1)文件菜单:本菜单包含文件的新建、打开、保存、导入、平差向导和打印等。“文件菜单”如图 A-2 所示。

(2)编辑菜单:本菜单包括查找记录、删除记录。“编辑菜单”如图 A-3 所示。

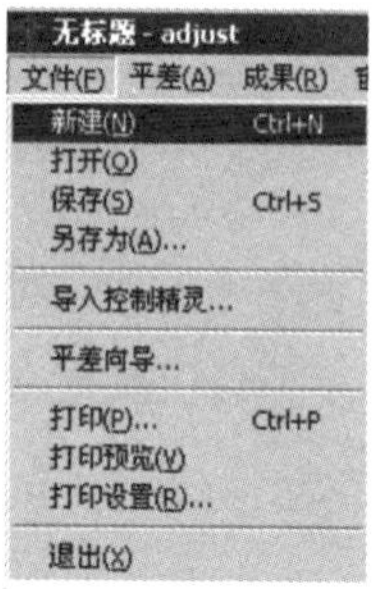

图 A-2　文件菜单

图 A-3　编辑菜单

(3)平差菜单:本菜单包括控制网属性、计算方案、闭合差计算、坐标推算、选择概算和平差计算等。“平差菜单”如图 A-4 所示。

(4)成果菜单:本菜单包括精度统计、图形分析、CASS 输出、WORD 输出、略图输出和闭合差输出等。当没有平差结果时该对话框为灰色。“成果菜单”如图 A-5 所示。

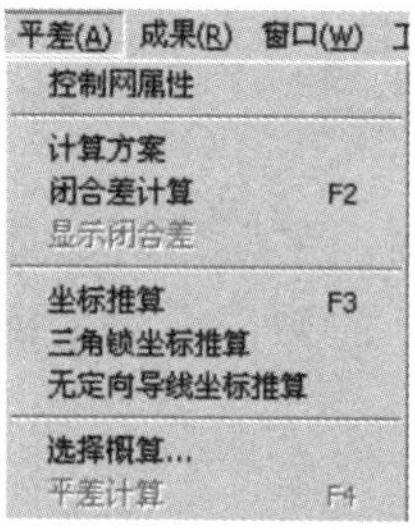

图 A-4　平差菜单

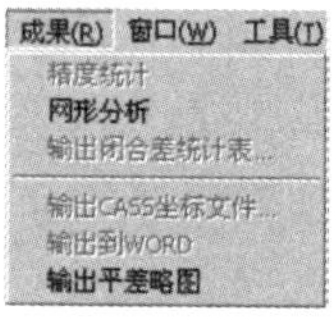

图 A-5　成果菜单

(5)窗口菜单:本菜单包括平差报告、网图显示、报表显示比例、报表设置、网图设置等。“窗口菜单”如图 A-6 所示。

(6)工具菜单:本菜单包括坐标变换、解析交会、大地正反算、坐标反算等。“工具菜单”如图 A-7 所示。

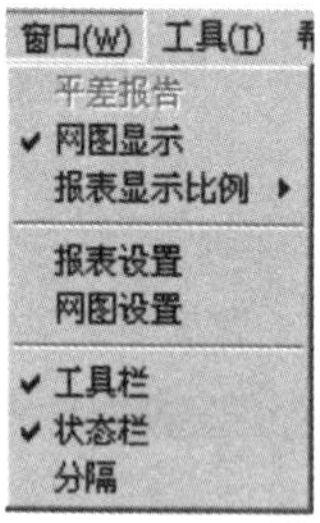

图 A-6　窗口菜单

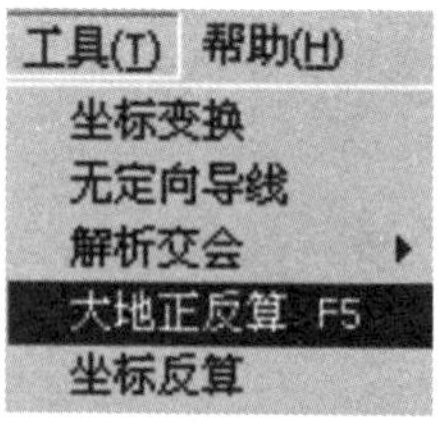

图 A-7　工具菜单

(7)工具条

下拉菜单中的常用功能都汇集于工具条上,有保存、打印、视图显示、平差和查看平差报告等功能。

①常规工具条(图 A-8)

图 A-8 常规工具条

按从左到右的顺序分别为:新建、打开、保存、剪切、复制、粘贴、打印、关于。

②图形操作工具条(图 A-9)

图 A-9 图形操作工具条

按从左到右的顺序分别为:放大、缩小、移动、窗选放大、显示网图、控制点标记、全屏显示。

③其他工具条(图 A-10)

图 A-10 其他工具条

按从左到右的顺序分别为:计算方案、闭合差计算、显示闭合差、坐标概算、平差计算、精度统计、平差报告、平差略图、转到第一页、前一页、下一页、转到最后一页。

A.3 平差易控制网平差计算流程

(1)平差易控制网数据处理过程

使用平差易做控制网平差计算,其操作步骤如下:

①录入控制网数据;

②进行坐标推算;

③进行坐标概算;

④选择计算方案;

⑤进行闭合差计算与检核;

⑥进行平差计算;

⑦完成平差报告的生成和输出。

作业流程图如图 A-11 所示。

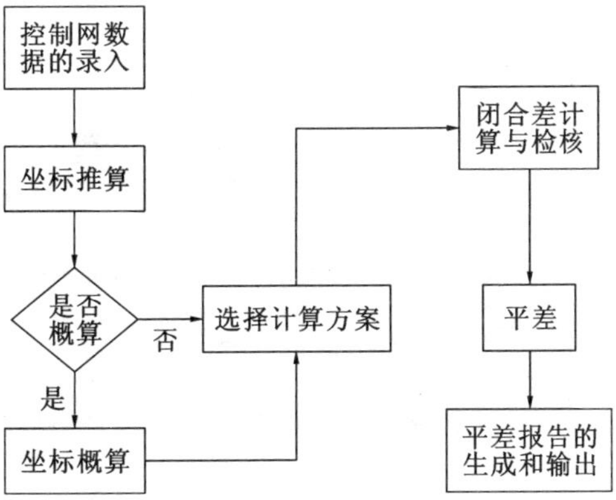

图 A-11 作业流程图

(2)向导式平差

PA2005 提供了向导式平差,根据向导的中文提示点击相应的信息即可完成全部的操作。注意:平差向导只适用于对已经编辑好的平差数据文件进行平差。

以"边角网.txt"文件为例来说明向导式平差操作过程。

①进入平差向导

首先启动"南方平差易 2005",然后用鼠标点击下拉菜单"文件\平差向导",如图 A-12 所示。

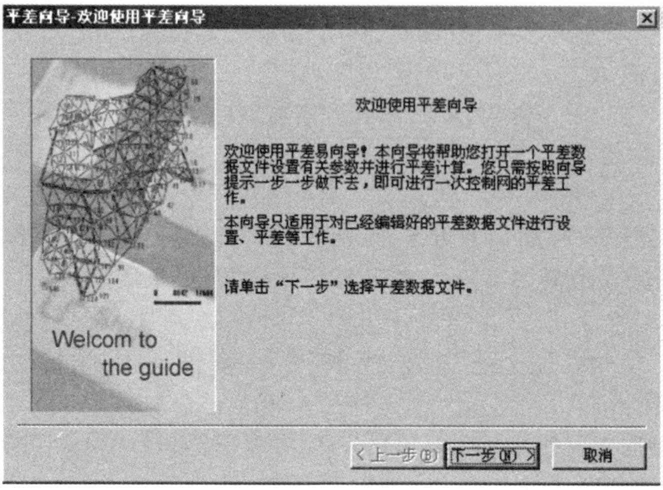

图 A-12 平差向导

②选择平差数据文件

点击"下一步"进入平差数据文件的选择页面,如图 A-13 所示。

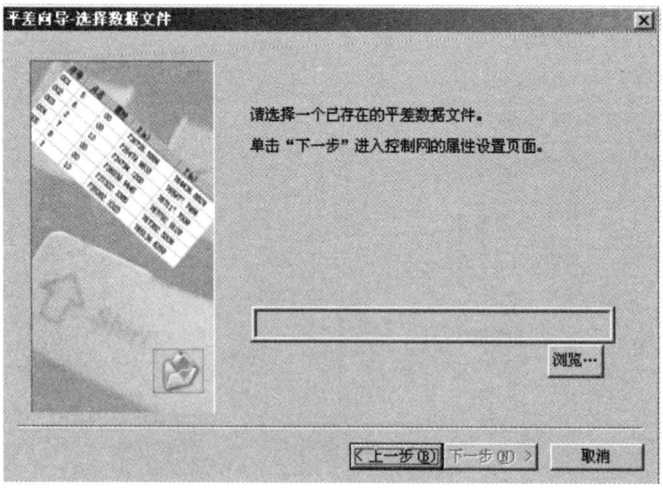

图 A-13 选择平差数据

点击"浏览"来选择要平差的数据文件。

所选择的对象必须是已经编辑好的平差数据文件,如 PA2005 的 Demo 中的"边角网 4"。

对于数据文件的建立，PA2005 提供了两种方式，一是启动系统后，在指定表格中手工输入数据，然后点击“文件\保存”生成数据文件；二是依照平差易软件中的数据文件格式，在 Windows 的“记事本”里手工编辑生成。

点击“打开”，即可调入该数据文件。如图 A-14 所示。

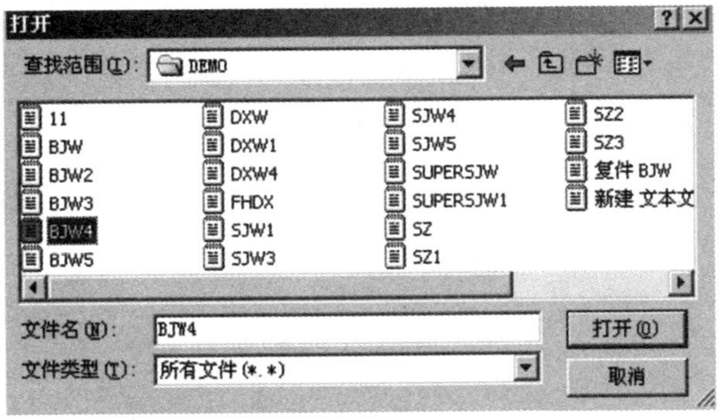

图 A-14　打开数据文件

③控制网属性设置

调入平差数据后点击“下一步”(图 A-15)即可进入控制网属性设置界面(图 A-16)。该向导将自动调入平差数据文件中控制网的设置参数，如果数据文件中没有设置参数则此对话框为空，同时也可对控制网属性进行添加和修改，向导处理完后该属性将自动保存在平差数据文件中。

点击“下一步”进入计算方案的设置界面。

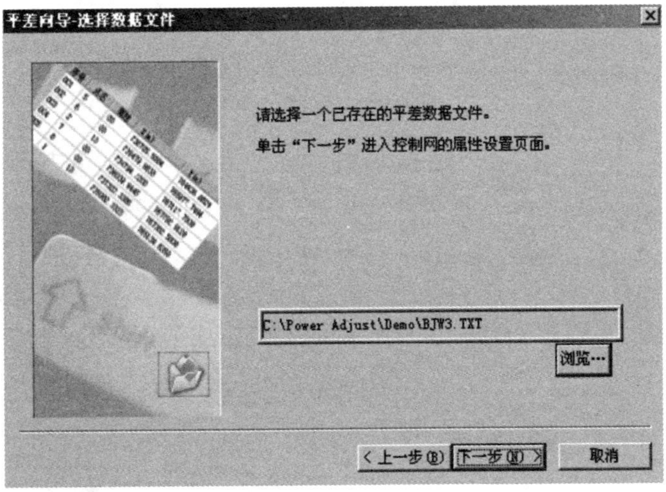

图 A-15　调入平差数据文件

④计算方案设置

设置平差计算的一系列参数，包括验前单位权中误差、测距仪固定误差、测距仪比例误差等，如图 A-17 所示。该向导将自动调入平差数据文件中计算方案的设置参数，如果数据文件中没有该参数则此对话框为默认参数(2.5、5、5)，同时也可对该参数进行编辑和修改，向导处理完后该参数将自动保存在平差数据文件中。

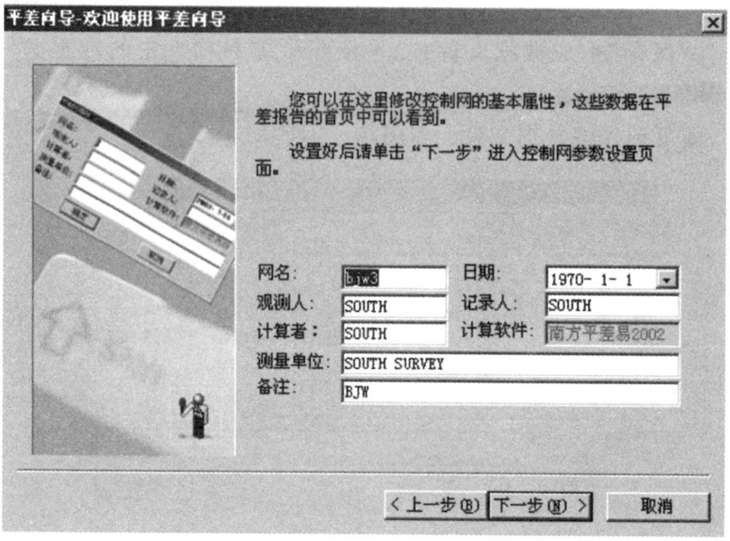

图 A-16　控制网属性设置

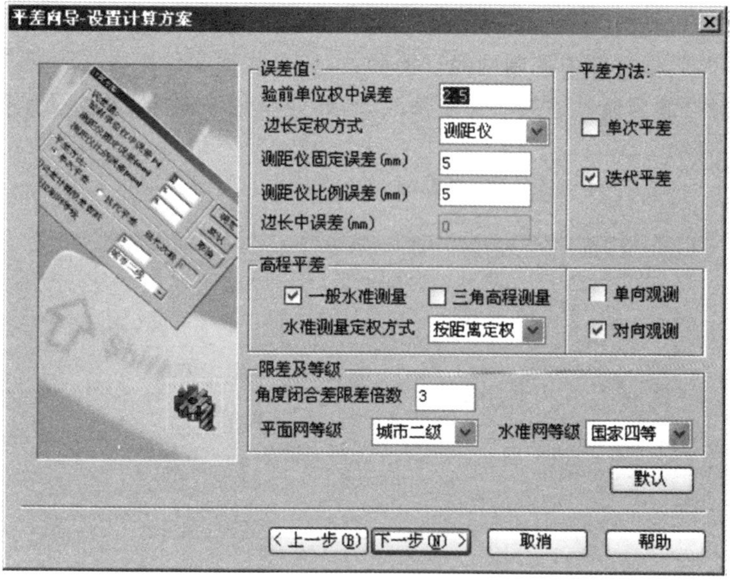

图 A-17　计算方案设置

点击“下一步”进入坐标概算界面。

⑤选择概算

概算是对观测值的改化，包括边长、方向和高程的改正等。当需要概算时就在“概算”前打“√”，然后选择需要概算的内容，如图 A-18 所示。

点击“完成”则整个向导的数据处理完毕，随后就回到“南方平差易 2005”的界面，在此界面中就可查看该数据的平差报告以及打印和输出。

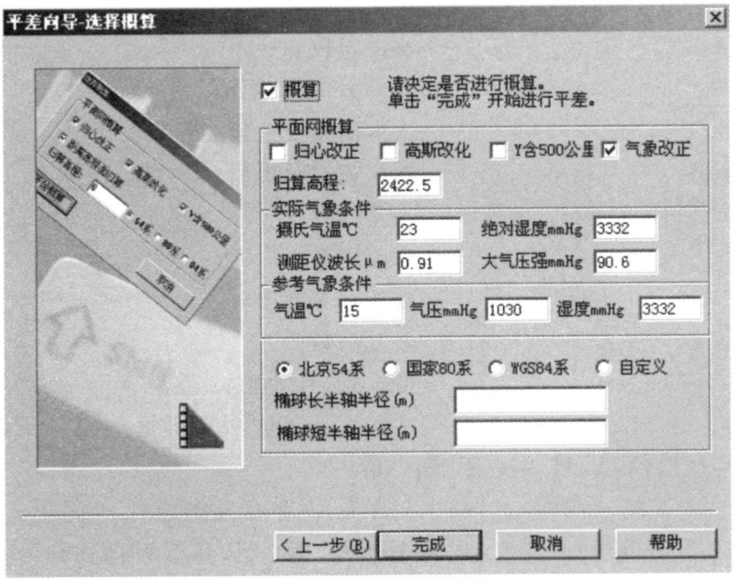

图 A-18　选择概算

A.4　平差易平差的数据文件组织

平差易平差数据的录入分数据文件读入和直接键入两种。

(1)平差易平差数据文件的编辑

平差易软件有其自己的专用平差数据格式,为此,在采用向导平差方法进行平差时,必须完成其观测值数据文件的编辑工作。其文件格式是 txt 格式,为纯文本文件,可以用记事本打开此文件并进行编辑。

文件格式具体如下所示:

[NET]　——文件头,保存控制网属性
Name:　——控制网名
Organ:　——单位名称
Obser:　——观测者
Computer:　——计算者
Recorder:　——记录者
Remark:　——备注
Software:南方平差易 2005　——计算软件

[PARA]　——文件头,保存控制网基本参数
MO:　——验前单位权中误差
MS:　——测距仪固定误差
MR:　——测距仪比例误差
Distance Error:　——边长中误差

Distance Method:　　　　——边长定权方式

Level Method:　　　　——水准定权方式

Method:　　　　——平差方法(0 表示单次平差,1 表示迭代平差)

Level Trigon:　　　　——水准测量或三角高程测量

Trigon Obser:　　　　——单向或对向观测

Times:　　　　——平差次数

Level:　　　　——平面网等级

Level1:　　　　——水准网等级

Limit:　　　　——限差倍数

Format:　　　　——格式(如:1 全部;2 边角等)

[STATION]　　　　——文件头,保存测站点数据

测站点名,点属性,X,Y,H,偏心距,偏心角

[OBSER]　　　　——文件头,保存观测数据

照准点,方向值,观测边长,高差,斜距,垂直角,偏心距,偏心角,零方向值

注意:[STATION]中的点属性表示控制点的属性,00 表示高程、坐标都未知的点,01 表示高程已知、坐标未知的点,10 表示坐标已知、高程未知的点,11 表示高程、坐标都已知的点。

在输入测站点数据和观测数据时,中间空的数据用“,”分隔,如果在最后一个数据后面已没有观测数据,可以省略“,”。例如观测数据“A,,100,1.023”表示照准点是 A 点,观测边长为 100 m,观测高差为 1.023 m。可以看出观测高差后的其余观测数据省略,而方向值用“,”分隔。

按此格式完整编辑好的数据文件,读入 PA2005 后,即可直接进行平差。用户也可不编辑[NET]和[PARA]的内容,只编辑[STATION]和[OBSER]的内容,将数据读入到 PA2005 中后,在 PA2005 中进行诸如网名、平差次数等参数的设置,设置完后再进行平差计算。

(2)平差易控制网平差数据的手工输入

PA2005 为手工数据键入提供了一个电子表格,以“测站”为基本单元进行操作,键入过程中 PA2005 将自动推算其近似坐标和绘制网图,如图 A-19 所示。

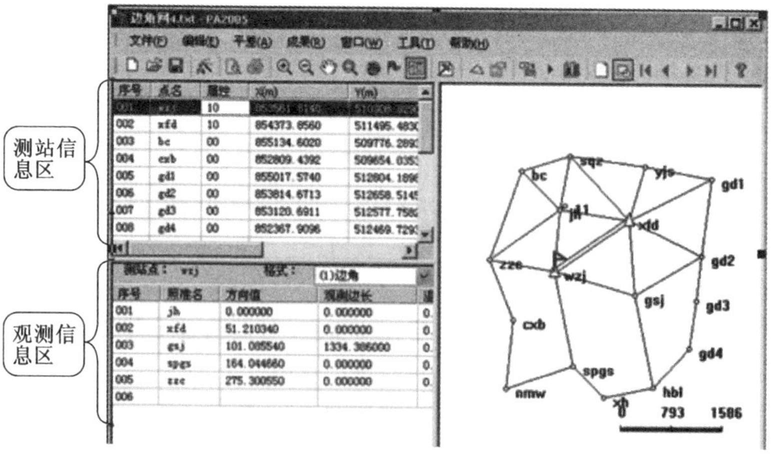

图 A-19　电子表格输入(1)

下面介绍如何在电子表格中输入数据。首先，在测站信息区中输入已知点信息（点名、属性、坐标）和测站点信息（点名）；然后，在观测信息区中输入每个测站点的观测信息，如图 A-20 所示。

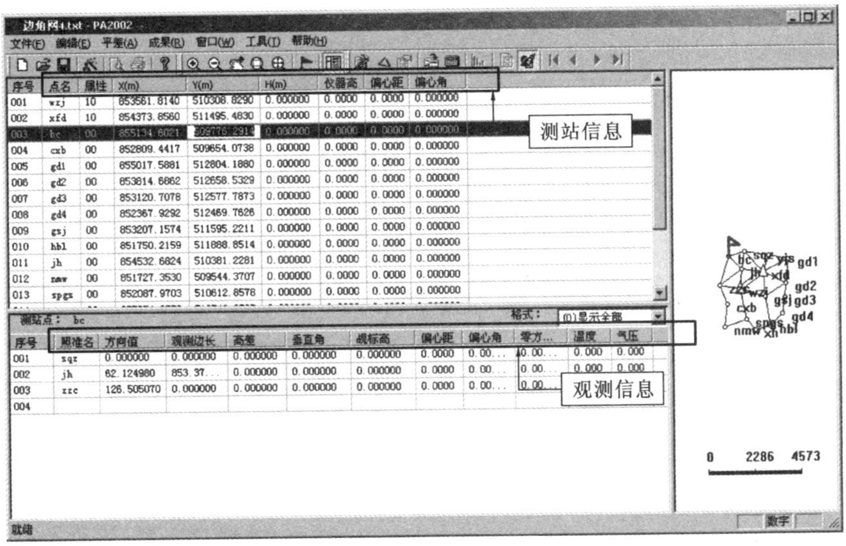

图 A-20　电子表格输入(2)

①测站信息的录入

a.“点名”：已知点或测站点的名称。

b.“属性”：用以区别已知点与未知点。00 表示该点是未知点，10 表示该点是平面坐标而无高程的已知点，01 表示该点是无平面坐标而有高程的已知点，11 表示该已知点既有平面坐标也有高程。

c.“X、Y、H”：分别指该点的纵、横坐标及高程（“X”指纵坐标，“Y”指横坐标）。

d.“仪器高”：该测站点的仪器高度，它只有在三角高程的计算中才使用。

e.“偏心距、偏心角”：该点测站偏心时的偏心距和偏心角（不需要偏心改正时则可不输入数值）。

②观测信息的录入

观测信息与测站信息是相互对应的，当某测站点被选中时，观测信息区中就会显示当该点为测站点时所有的观测数据。故当输入了测站点时需要在观测信息区的电子表格中输入其观测数值。第一个照准点即为定向点，其方向值必须为零，而且定向点必须是唯一的。

a.“照准名”：照准点的名称。

b.“方向值”：观测照准点时的方向观测值。

c.“观测边长”：测站点到照准点之间的平距（在观测边长中只能输入平距）。

d.“高差”：测站点到观测点之间的高差。

e.“垂直角”：以水平方向为零度时的仰角或俯角。

f.“觇标高”：测站点观测照准点时的棱镜高度。

g.“偏心距、偏心角、零方向角”：该点照准偏心时的偏心距和偏心角（不需要偏心改正时则可不输入数值）。

h."温度":测站点观测照准点时的当地实际温度。

i."气压":测站点观测照准点时的当地实际气压(温度和气压只参与概算中的气象改正计算)。

(3)平差数据输入方法实例

①导线数据输入实例

图 A-21 所示为一条附合导线的简图,*A*、*B*、*C* 和 *D* 点是已知坐标点,2、3 和 4 点是待测的控制点。

原始测量数据如表 A-1 所示。

表 A-1　导线原始数据表

测站点	角度(° ′ ″)	距离(m)	*X*(m)	*Y*(m)
B			8345.8709	5216.6021
A	85.30211	1474.4440	7396.2520	5530.0090
2	254.32322	1424.7170		
3	131.04333	1749.3220		
4	272.20202	1950.4120		
C	244.18300		4817.6050	9341.4820
D			4467.5243	8404.7624

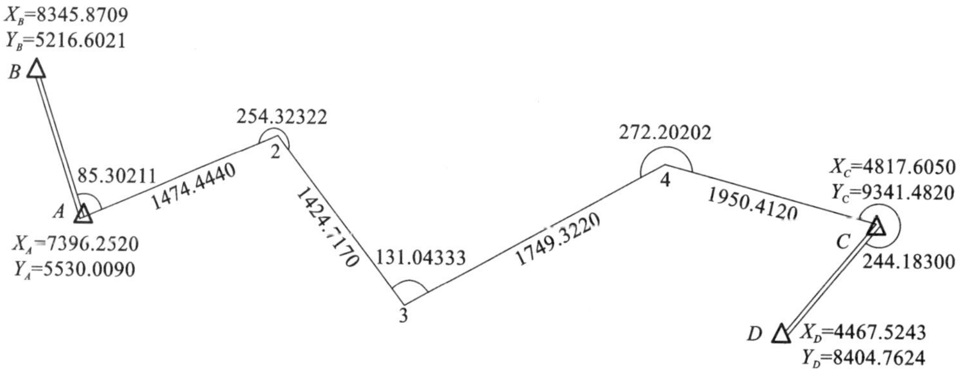

图 A-21　导线图

在平差易软件中输入以上数据,如图 A-22 所示。

在测站信息区中输入 *A*、*B*、*C*、*D*、2、3 和 4 号测站点,其中 *A*、*B*、*C*、*D* 点为已知坐标点,其属性为 10,其坐标如表 A-1 所示;2、3、4 点为待测点,其属性为 00,其他信息为空。如果要考虑温度、气压对边长的影响,就需要在观测信息区中输入每条边的实际温度、气压值,然后通过概算来进行改正。

根据控制网的类型选择数据输入格式,此控制网为边角网,选择边角格式,如图 A-23 所示。

在观测信息区中输入每一个测站点的观测信息,为了节省空间只截取观测信息的部分表格示意图,如图 A-24～图 A-28 所示。

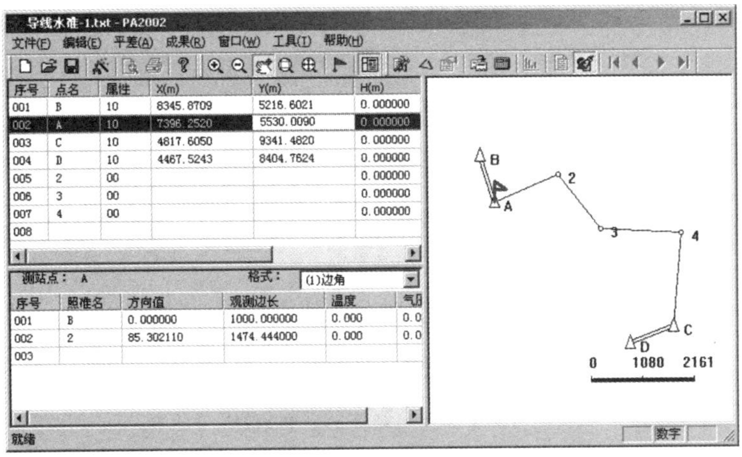

图 A-22　数据输入

测站点： 4　　格式： (1)边角

图 A-23　选择格式

B、*D* 点作为定向点，它没有设站，所以无观测信息，但在测站信息区中必须输入它们的坐标。

以 *A* 点为测站点，以 *B* 点为定向点时(定向点的方向值必须为零)，照准 2 号点的数据输入如图 A-24 所示。

测站点： A　　格式： (1)边角

序号	照准名	方向值	观测边长	温度	气压
001	B	0.000000	1000.000000	0.000	0.000
002	2	85.302110	1474.444000	0.000	0.000

图 A-24　测站 *A* 的观测信息

以 *C* 点为测站点，以 4 号点为定向点时，照准 *D* 点的数据输入如图 A-25 所示。

测站点： C　　格式： (1)边角

序号	照准名	方向值	观测边长	温度	气压
001	4	0.000000	0.000000	0.000	0.000
002	D	244.183000	1000.000000	0.000	0.000

图 A-25　测站 *C* 的观测信息

以 2 号点作为测站点，以 *A* 点为定向点时，照准 3 号点的数据输入如图 A-26 所示。

测站点： 2　　格式： (1)边角

序号	照准名	方向值	观测边长	温度	气压
001	A	0.000000	0.000000	0.000	0.000
002	3	254.323220	1424.717000	0.000	0.000

图 A-26　测站 2 的观测信息

以 3 号点为测站点，以 2 号点为定向点时，照准 4 号点的数据输入如图 A-27 所示。

测站点：3　　格式：(1)边角

序号	照准名	方向值	观测边长	温度	气压
001	2	0.000000	0.000000	0.000	0.000
002	4	131.043330	1749.322000	0.000	0.000

图 A-27　测站 3 的观测信息

以 4 号点为测站点，以 3 号点为定向点时，照准 *C* 点的数据输入如图 A-28 所示。

测站点：4　　格式：(1)边角

序号	照准名	方向值	观测边长	温度	气压
001	3	0.000000	0.000000	0.000	0.000
002	C	272.202020	1950.412000	0.000	0.000

图 A-28　测站 4 的观测信息

说明：a. 数据为空或前面已输入过则可以不输入（对向观测例外）。

b. 在电子表格中输入数据时，所有零值可以省略不输。

以上数据输入完后，点击“文件\另存为”，将输入的数据保存为平差易数据格式文件：

[STATION]（测站信息）

B,10,8345.870900,5216.602100

A,10,7396.252000,5530.009000

C,10,4817.605000,9341.482000

D,10,4467.524300,8404.762400

2,00

3,00

4,00

[OBSER]（观测信息）

A,B,,1000.0000

A,2,85.302110,1474.4440

C,4

C,D,244.183000,1000.0000

2,A

2,3,254.323220,1424.7170

3,2

3,4,131.043330,1749.3220

4,3

4,C,272.202020,1950.4120

上面[STATION]（测站点）是测站信息区中的数据，[OBSER]（照准点）是观测信息区中的数据。

②水准数据输入实例

图 A-29 所示为一条附合水准路线的简图，*A*、*B* 点是已知高程点，2、3 和 4 点是待测的高程点。

原始测量数据如表 A-2 所示。

表 A-2　水准原始数据表

测站点	高差(m)	距离(m)	高程(m)
A	−50.440	1474.444	96.062
2	3.252	1424.717	
3	−0.908	1749.322	
4	40.218	1950.412	
B			88.183

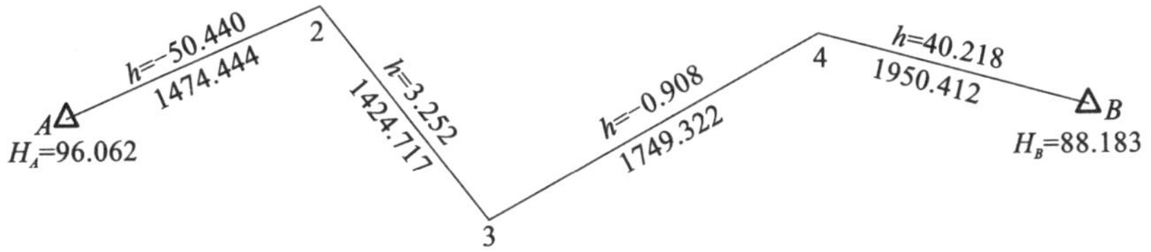

图 A-29　水准路线图(模拟)

图 A-29 中 h 为高差。

在平差易中输入以上数据，如图 A-30 所示。

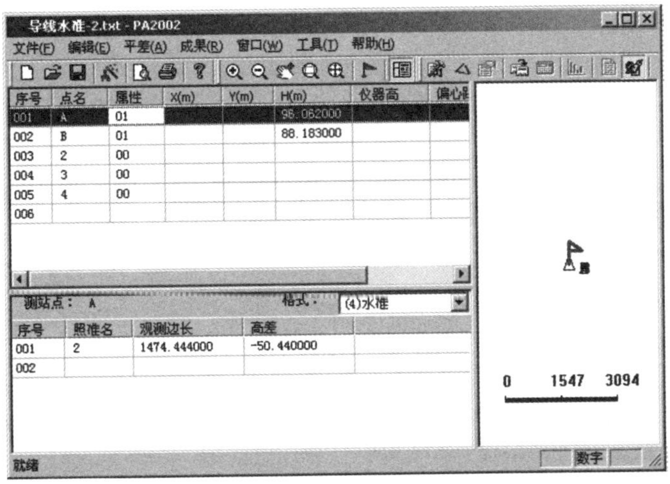

图 A-30　水准数据输入

在测站信息区中输入 *A*、*B*、2、3 和 4 号测站点，其中 *A*、*B* 点为已知高程点，其属性为 01，其高程如表 A-2 所示；2、3、4 点为待测高程点，其属性为 00，其他信息为空。因为没有平面坐标数据，故在平差易软件中没有网图显示。

根据控制网的类型选择数据输入格式，此控制网为水准网，选择水准格式，如图 A-31 所示：

图 A-31　选择格式

注意：

a. 在“计算方案”中要选择“一般水准”，而不是“三角高程”。

“一般水准”所需要输入的观测数据为：观测边长和高差。

“三角高程”所需要输入的观测数据为：观测边长、垂直角、觇标高、仪器高。

b. 在一般水准的观测数据中输入了测段高差就必须输入相对应的观测边长，否则平差计算时该测段的权为零，会导致计算结果错误。

在观测信息区中输入每一组水准观测数据。

测段 A 点至 2 号点的观测数据输入（观测边长为平距）如图 A-32 所示。

测站点： A　　格式： (4)水准

序号	照准名	观测边长	高差	
001	2	1474.444000	-50.440000	

图 A-32　A→2 观测数据

测段 2 号点至 3 号点的观测数据输入如图 A-33 所示。

测站点： 2　　格式： (4)水准

序号	照准名	观测边长	高差	
001	3	1424.717000	3.252000	

图 A-33　2→3 观测数据

测段 3 号点至 4 号点的观测数据输入如图 A-34 所示。

测站点： 3　　格式： (4)水准

序号	照准名	观测边长	高差	
001	4	1749.322000	-0.908000	

图 A-34　3→4 观测数据

测段 4 号点至 B 点的观测数据输入如图 A-35 所示。

测站点： 4　　格式： (4)水准

序号	照准名	观测边长	高差	
001	B	1950.412000	40.218000	

图 A-35　4→B 观测数据

以上数据输入完后，点击“文件\另存为”，将输入的数据保存为平差易数据格式文件：

```
[STATION]
A,01,,,96.062000
B,01,,,88.183000
2,00
3,00
4,00

[OBSER]
A,2,,1474.444000,－50.4400
2,3,,1424.717000,3.2520
3,4,,1749.322000,－0.9080
```

4,B,,1950.412000,40.2180

③三角高程数据输入实例

图 A-36 为某三角高程的简图,A 和 B 点是已知高程点,2、3 和 4 点是待测的高程点。原始测量数据如表 A-3 所示。

表 A-3　三角高程原始数据表

测站点	距离(m)	垂直角(° ′ ″)	仪器高(m)	觇标高(m)	高程(m)
A	1474.444	1.0440	1.30		96.0620
2	1424.717	3.2521	1.30	1.34	
3	1749.322	−0.3808	1.35	1.35	
4	1950.412	−2.4527	1.45	1.50	
B				1.52	95.9716

图 A-36 中 r 为垂直角。

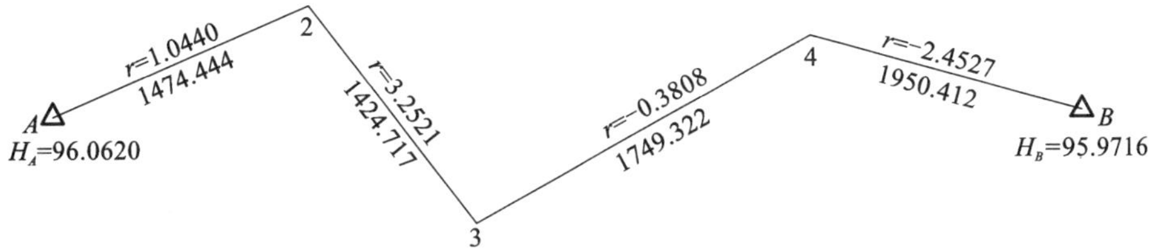

图 A-36　三角高程图(模拟)

在平差易中输入以上数据,如图 A-37 所示。

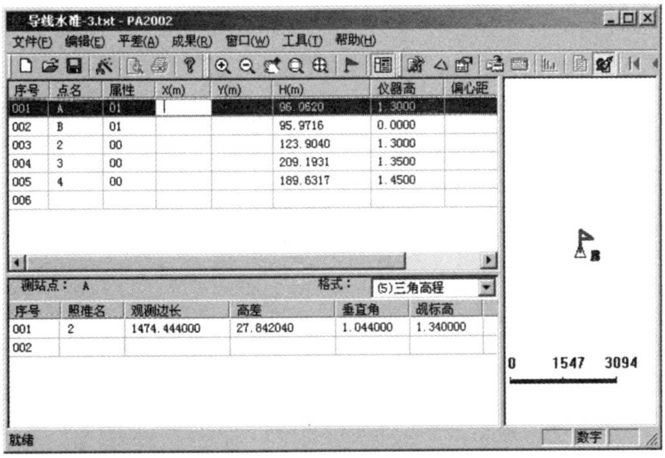

图 A-37　三角高程数据输入

在测站信息区中输入 A、B、2、3 和 4 号测站点,其中 A、B 为已知高程点,其属性为 01,其高程如表 A-3 所示;2、3、4 点为待测高程点,其属性为 00,其他信息为空。因为没有平面坐标数据,故在平差易软件中也没有网图显示。

此控制网为三角高程,选择三角高程格式,如图 A-38 所示。

测站点： 4　　格式： (5)三角高程

图 A-38　选择格式

注意:在“计算方案”中要选择“三角高程”,而不是“一般水准”。

在观测信息区中输入每一个测站的三角高程观测数据。

测段 *A* 点至 2 号点的观测数据输入如图 A-39 所示。

测站点： A　　格式： (5)三角高程

序号	照准名	观测边长	高差	垂直角	觇标高
001	2	1474.444000	27.842040	1.044000	1.340000

图 A-39　*A*→2 观测数据

测段 2 号点至 3 号点的观测数据输入如图 A-40 所示。

测站点： 2　　格式： (5)三角高程

序号	照准名	观测边长	高差	垂直角	觇标高
001	3	1424.717000	85.289093	3.252100	1.350000

图 A-40　2→3 观测数据

测段 3 号点至 4 号点的观测数据输入如图 A-41 所示。

测站点： 3　　格式： (5)三角高程

序号	照准名	观测边长	高差	垂直角	觇标高
001	4	1749.322000	-19.353448	-0.380800	1.500000

图 A-41　3→4 观测数据

测段 4 号点至 *B* 点的观测数据输入如图 A-42 所示。

测站点： 4　　格式： (5)三角高程

序号	照准名	观测边长	高差	垂直角	觇标高
001	B	1950.412000	-93.760085	-2.452700	1.520000

图 A-42　4→*B* 观测数据

以上数据输入完后,点击“文件\另存为”,将输入的数据保存为平差易格式文件:

```
[STATION]
A,01,,,96.062000,1.30
B,01,,,95.971600
2,00,,,,1.30
3,00,,,,1.35
4,00,,,,1.45

[OBSER]
A,2,,1474.444000,27.842040,,1.044000,1.340
2,3,,1424.717000,85.289093,,3.252100,1.350
3,4,,1749.322000,−19.353448,,−0.380800,1.500
4,B,,1950.412000,−93.760085,,−2.452700,1.520
```

平差易软件中也可进行导线水准和三角高程导线的平差计算,数据输入的方法与上述的几乎一样,但要注意将控制网的类型格式选择为“(6)导线水准”或“(7)三角高程导线”。

A.5　平差易控制网平差实例

为了便于讲解 PA2005 的平差操作全过程，以“三角高程导线. txt”文件为例讲解平差操作过程。

(1)打开数据文件

点击菜单“文件\打开”，在图 A-43 所示的打开文件对话框中找到“三角高程导线. txt”文件。

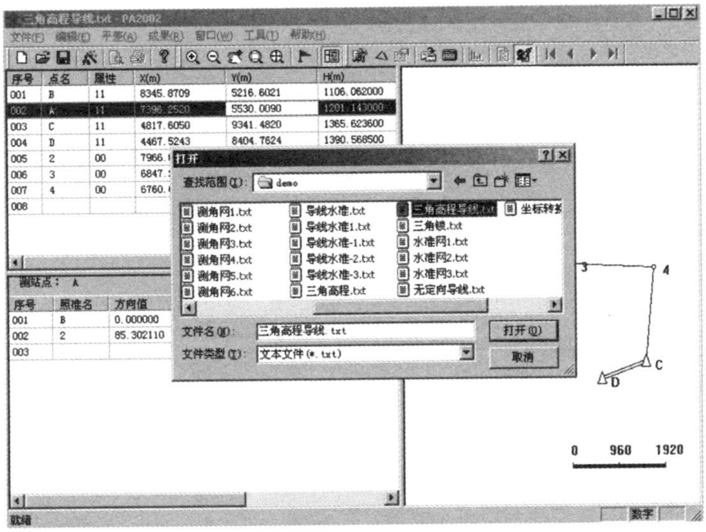

图 A-43　打开文件

(2)近似坐标推算

根据已知条件(测站点信息和观测信息)推算出待测点的近似坐标，作为构成动态网图和导线平差的基础。

用鼠标点击菜单“平差\坐标推算”即可进行坐标的推算，如图 A-44 所示。

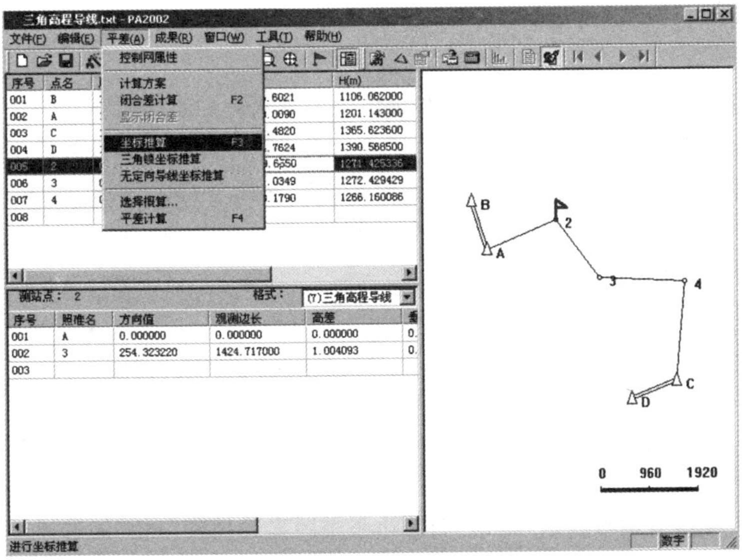

图 A-44　坐标推算

注意：每次打开一个已有数据文件时，PA2005 会自动推算各个待测点的近似坐标，并把近似坐标显示在测站信息区内。当输入数据或修改原始数据时则需要用此功能重新进行坐标推算。

(3)选择概算

主要对观测数据进行一系列的改化，根据实际的需要来选择其概算的内容并进行坐标的概算，如图 A-45 所示。

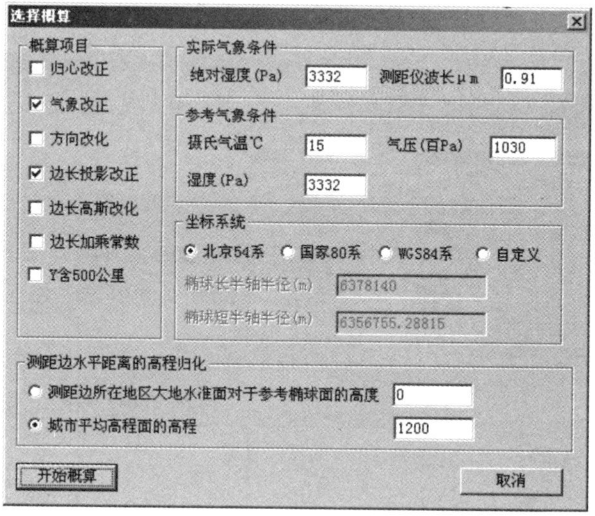

图 A-45　选择概算

选择概算的项目有：归心改正、气象改正、方向改化、边长投影改正、边长高斯改化、边长加乘常数改正和 Y 含 500 公里。需要概算时在项目前打"√"即可。

①归心改正

归心改正根据归心元素对控制网中的相应方向做归心计算。在平差易软件中只有在输入了测站偏心或照准偏心的偏心角和偏心距等信息时才能够进行此项改正。如没有进行偏心测量，则概算时就不进行此项改正。

②气象改正

气象改正就是改正测量时温度、气压和湿度等因素对测距边的影响。

注意：如果外业作业时已经对边长进行了气象改正或忽略气象条件对测距边的影响，那么就不用选择此项改正。如果选择了气象改正就必须输入测量每条观测边时的温度和气压值，否则将每条边的温度和气压值分别当作零来处理。

③方向改化

方向改化指将椭球面上的方向值归算到高斯平面上。

④边长投影改正

边长投影改正的方法有两种：一种为已知测距边所在地区大地水准面对于参考椭球面的高度而对测距边进行投影改正；另一种为将测距边投影到城市平均高程面的高程上。

⑤边长高斯改化

边长高斯改化也有两种方法，根据"测距边水平距离的高程归化"的选择不同而不同。

⑥边长加乘常数改正

利用测距仪的加乘常数对测边进行改正。

⑦Y 含 500 公里

“Y 含 500 公里”项目进行的操作是：若 Y 坐标包含了 500 公里常数，则在高斯改化时，软件将 Y 坐标减去 500 公里后再进行相关的改化和平差。

概算结束后的提示如图 A-46 所示。

图 A-46　概算结束后的提示

点击“是”后，可将概算结果保存为 txt 文本。

(4)计算方案的选择

选择控制网的等级、参数和平差方法。

对于同时包含了平面数据和高程数据的控制网，如三角网和三角高程网并存的控制网，一般处理过程应为：先进行平面网处理，然后在高程网处理时 PA2005 会使用已经较为准确的平面数据，如距离等，来处理高程数据。对精度要求很高的平面高程混合网，也可以在平面和高程处理间多次切换，迭代出精确的结果。

用鼠标点击菜单“平差\平差方案”即可进行参数的设置，如图 A-47 所示。

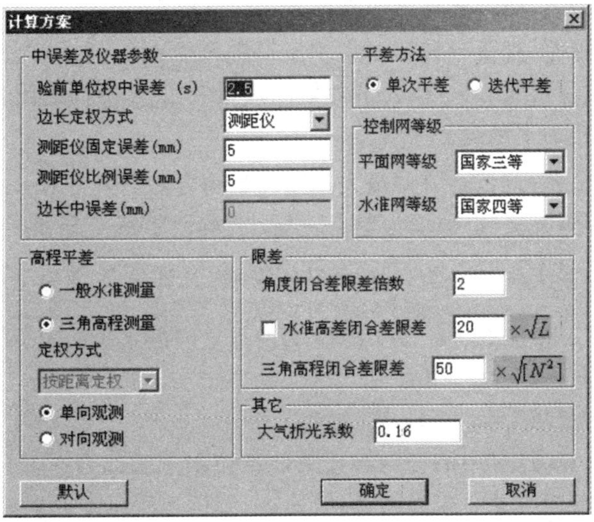

图 A-47　参数设置

①选择平面控制网的等级

PA2005 提供的平面控制网等级有：国家二等、三等、四等，城市一级、二级，图根及自定义。此等级与它的验前单位权中误差是一一对应的。

②选择边长定权方式

边长定权方式包括测距仪定权、等精度观测和自定义。根据实际情况选择定权方式。

a. 测距仪定权：通过测距仪的固定误差和比例误差计算出边长的权。

“测距仪固定误差”和“测距仪比例误差”是测距仪的检测常数，它根据测距仪的实际检测数值(单位为毫米)来输入(此值不能为零或空)。

b. 等精度观测：各条边的观测精度相同，权也相同。

c. 自定义：自定义边长中误差。此中误差为整个网的边长中误差，它可以通过每条边的中误差来计算。

③选择平差方法

平差方法有单次平差和迭代平差两种。

单次平差：进行一次普通平差，不进行粗差分析。

迭代平差：不修改权而仅由新坐标修正误差方程。

④选择高程平差

高程平差包括一般水准测量平差和三角高程测量平差。当选择水准测量时其定权方式有两种，即按距离定权和按测站数定权。

按距离定权：按照测段的距离来定权。

按测站定权：按照测段内的测站数(即设站数)来定权，在观测信息区的“观测边长”框中输入测站数。注意：软件中观测边长和测站数不能同时存在。

单向观测：每一条边只测一次。一般只有直觇没有反觇。

对向观测：每一条边都要往返测。既有直觇又有反觇。

(单向观测和对向观测只在高程平差时有效。)

⑤确定限差

角度闭合差限差倍数：闭合导线的闭合差容许超过限差($M\sqrt{N}$)的最大倍数。

水准高差闭合差限差：规范容许的最大水准高差闭合差。其计算公式为 $n\times\sqrt{L}$。其中 n 为可变的系数；L 为闭合路线总长，以公里为单位。如果在“水准高差闭合差限差”前打“√”可输入一个高程固定值作为水准高差闭合差。

三角高程闭合差限差：规范容许的最大三角高程闭合差。其计算公式为 $n\times\sqrt{[N^2]}$，其中 n 为可变的系数；N 为测段长，以公里为单位，$[N^2]$为测段距离平方和。

大气折光系数：改正大气折光对三角高程的影响，其计算公式为 $\Delta H=\dfrac{1-K}{2R}S^2$。其中 K 为大气垂直折光系数(一般为 0.10～0.14)；S 为两点之间的水平距离；R 为地球曲率半径。此项改正只对三角高程起作用。

(5)闭合差计算与检核

根据观测值和“计算方案”中的设定参数来计算控制网的闭合差和限差，从而来检查控制网的角度闭合差或高差闭合差是否超限，同时检查、分析观测粗差或误差。点击“平差\闭合差计算”即可进行闭合差计算，如图 A-48 所示。左边的闭合差计算结果与右边的控制网图是动态相连的(右图中用红色表示闭合导线或中点多边形)，它将数和图有机地结合在一起，使计算更加直观、检测更加方便。

“闭合差”：该导线或导线网的观测角度闭合差。

“权倒数”：导线测角的个数。

“限差”：其值为“权倒数开方×限差倍数×单位权中误差(平面网为测角中误差)”。

对导线网，闭合差信息区包括 fx、fy、fd、k、平均边长以及高差闭合差等信息。若为无定向

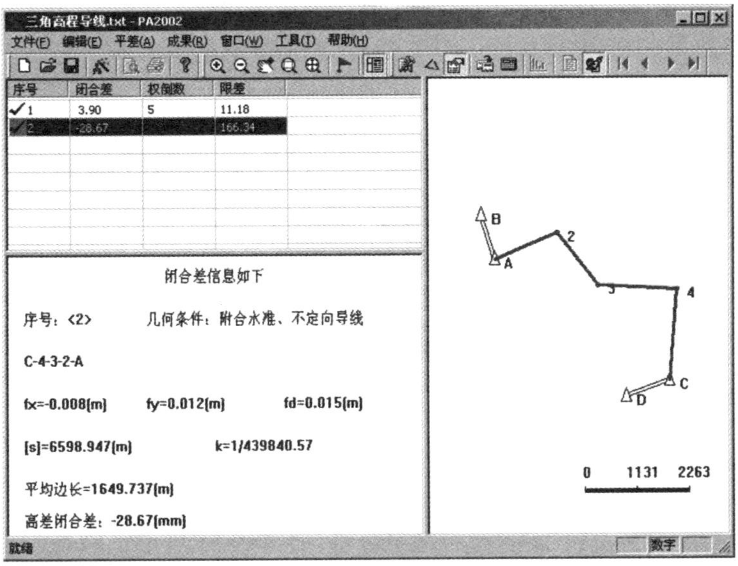

图 A-48　闭合差计算

导线则无 fx、fy、fd、k 等项。闭合导线中若边长或角度输入不全也没有 fx、fy、fd、k 等项。

在闭合差计算过程中“序号”前面的“!”表示该导线或网的闭合差超限，“√”表示该导线或网的闭合差合格，“×”则表示该导线没有闭合差。

注意：闭合导线中没有 fx、fy、fd、k 和平均边长的原因为该闭合导线数据的输入中边长或角度的输入不全(要输入所有的边长和角度)。

通过闭合差可以检核闭合导线是否超限，甚至可检查到某个点的角度输入是否有错。

(6)平差计算

用鼠标点击菜单“平差\平差计算”即可进行控制网的平差计算，如图 A-49 所示。

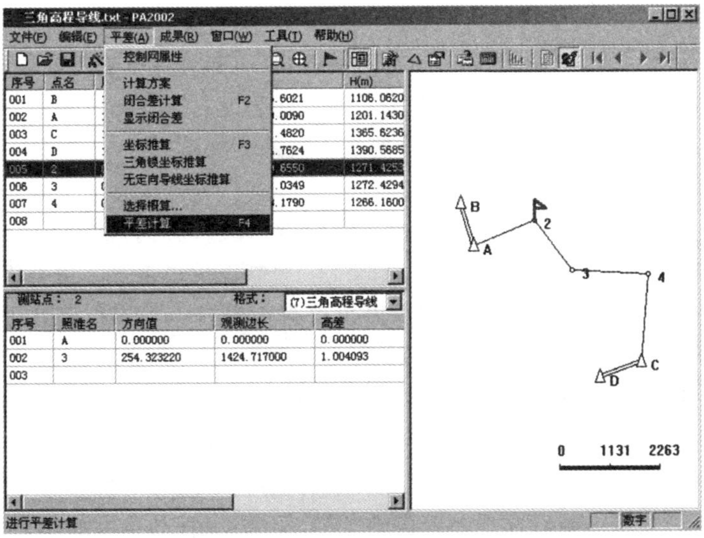

图 A-49　平差计算

平面网可按“方向”或“角度”进行平差，它根据验前单位权中误差(单位:″)、测距仪固定误差(单位:mm)及比例误差[单位:ppm(百万分之一)]来计算。

(7)平差报告的生成与输出

①精度统计表

点击菜单“成果\精度统计”即可进行该数据的精度统计，如图 A-50 所示。

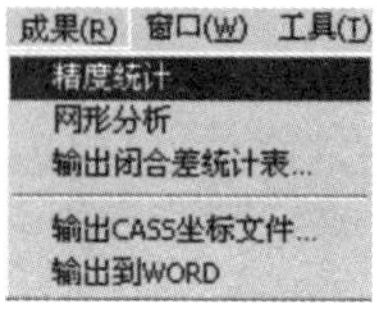

图 A-50　精度统计

精度统计主要统计在某一误差分配的范围内点的个数。

②网形分析

点击菜单“成果\网形分析”即可进行网形分析，如图 A-51 所示。

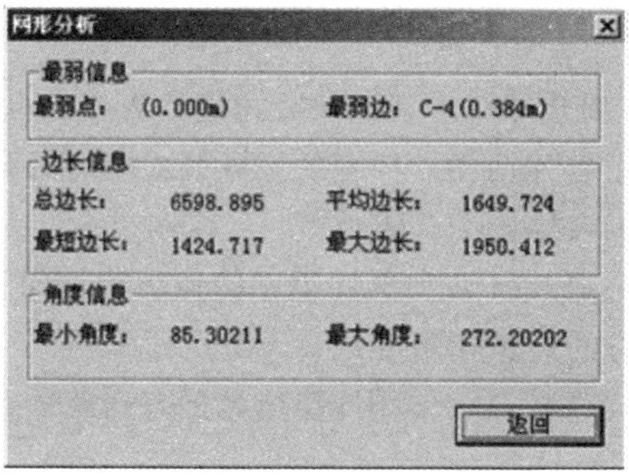

图 A-51　网形分析

对网形的以下信息进行分析：

a. 最弱信息：最弱点(离已知点最远的点)，最弱边(离起算数据最远的边)。

b. 边长信息：总边长，平均边长，最短边长，最大边长。

c. 角度信息：最小角度，最大角度(测量的最小或最大夹角)。

③平差报告

平差报告包括控制网属性、控制网概况、闭合差统计表、方向观测成果表、距离观测成果表、高差观测成果表、平面点位误差表、点间误差表、控制点成果表等。也可根据自己的需要选择显示或打印其中一项，成果表打印时其页面也可自由设置。它不仅能在 PA2005 中浏览和打印，还可输入到 Word 中进行保存和管理。

输出平差报告之前可进行报告属性的设置，如图 A-52 所示。设置内容有：

a. 成果输出：统计页、观测值、精度表、坐标、闭合差等，需要打印某种成果表时就在相应的成果表前打“√”即可。

b. 输出精度：可根据需要设置平差报告中坐标、距离、高程和角度的小数位数。

c. 打印页面设置：设置打印页面的左边距和右边距。

另外，平差易还可自定义平差报告的输出格式。

图 A-52　平差报告属性

生成平差报告后，可以进行报告的打印，具体打印步骤如下：

第一步：选取打印对象，在平差报告属性中设置打印内容。

第二步：激活平差报告。在平差报告区中点击一下鼠标即可激活平差报告。

第三步：打印设置。设置打印机的路径以及打印纸张大小和方向。

第四步：打印预览。

第五步：进行打印。设置打印的页码和打印的份数后点击“打印”即可。

附录B 科傻系统

B.1 系统简介

科傻系统(COSA)是“地面测量工程控制与施工测量内外业一体化和数据处理自动化系统”的简称，它将测量基本原理和现代科技相结合，对电子全站仪、电子水准仪以及常规地面测量仪器进行系统的开发，以地面控制测量、施工测量和碎部测量等测量工程为对象，实现从外业数据采集、质量检核、预处理到内业数据处理、成果报表输出的一体化和自动化作业流程。包括 COSAWIN 和 COSA-HC 两个子系统。

“地面测量工程控制测量数据处理通用软件包”(简称 CODAPS 或 COSAWIN)在微机 Windows 环境下运行既可独立使用，也可与 COSA-HC 联合使用，对 RD-EB2 传输过来的原始观测数据进行转换，完成从概算到平差的数据自动化处理，同时具有粗差探测与剔除、方差分量估计、闭合差计算、贯通误差影响值估算、报表打印、网图显绘、坐标转换与换带计算、控制网优化设计以及叠置分析等功能。

“基于掌上型电脑的测量数据采集和处理系统”(简称 COSA-HC)，在掌上型电脑 RD-EB2 上运行，能自动控制和引导整个作业过程并进行质量检测，一体化程度高，操作方便。该子系统具有水准测量、二三维控制、碎部测量、道路测设、工程放样等测量作业模块；具有小规模水准网、二三维工程网的平差功能；具有文件管理和数据通信功能；灵活方便，适合外业环境。

科傻系统不同于其他现有控制网平差系统的最大特点是自动化程度高，通用性强，处理速度快，解算容量大。其自动化表现在通过和子系统 COSA-HC 相配合，可以做到由外业数据采集、检查到内业概算、平差和成果报表输出的自动化数据处理流程；其通用性表现在对控制网的网形、等级和网点编号没有任何限制，可以处理任意结构的水准网和平面网，无须给出冗余的附加信息；其解算速度快，解算容量大，表现在采用稀疏矩阵压缩存储、网点优化排序和虚拟内存等技术。

B.2 系统功能菜单

(1)文件菜单

文件菜单的主要功能如图 B-1 所示。

新建：新建文本文件，如平面观测文件等。

打开：打开任意文件。

打印设置：进行打印机设置，单击将打开 Windows 打印机设置对话框。

(2)平差菜单

平差菜单的主要功能如图 B-2 所示。

平面网：对平面网进行平差。单击将打开“输入平面观测值文件”对话框，选择平面观测值文件进行平面网平差。

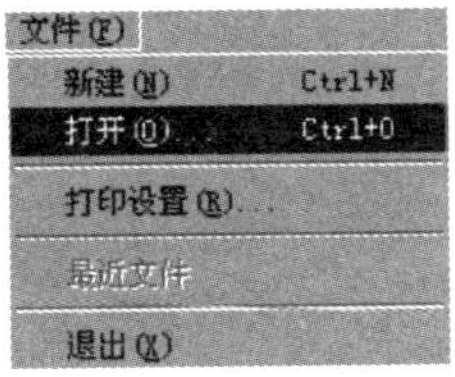

图 B-1　文件菜单

图 B-2　平差菜单

高程网：对水准（高程）网进行平差。单击将打开“打开”对话框，选择水准（高程）观测值文件进行高程平差。

粗差探测：自动探测平面控制网观测值中的粗差，若发现粗差则自动剔除之。

方差分量估计：对于平面网中一组或有多组不同种类或（和）精度观测值的情况，通过方差分量估计，可以使各组观测值的精度获得最佳估计，保证平差随机模型和成果的正确性。

设置与选项：概算、平差、粗差探测以及坐标转换前作相应的设置和选项。

生成概算文件：作概算时需要调用此项，然后再进行平差。

(3)报表菜单

报表菜单的主要功能如图 B-3 所示。

图 B-3　报表菜单

平差结果：根据平面网或高程网平差结果文件自动生成平面网或高程网平差结果报表。

原始观测值：将掌上型电脑经数据通信所得到的原始观测值文件自动生成平面网或高程网的原始观测值报表。

(4)查看

打开或关闭工具栏和状态栏。

B.3　控制网测量平差计算

使用 COSAWIN 最常用的操作就是进行控制网平差处理，该菜单下包括平面网、高程网平差，粗差探测，方差分量估计，设置与选项以及生成概算用文件等子菜单。这里主要介绍平面控制网和高程控制网观测值文件的结构及生成、控制网平差、设置与选项以及生成观测值概算文件等内容。

(1)控制网观测文件

在进行平差之前，必须要准备好控制网观测文件，即平面观测文件（取名规则为“网名.in2”）和高程观测文件（取名规则为“网名.in1”）。观测文件采用网点数据结构，除包含控制网的所有已知点、未知点和观测值信息外，还隐含了控制网的拓扑信息。可以使用系统菜单中“文件”栏下拉“新建”子菜单项或单击工具栏左边第一个快捷键建立平面或高程观测文件。

①平面观测文件

平面观测文件为标准的 ASCII 码文本文件，可以使用任何文本编辑器建立、编辑和修改。其结构如下：

Ⅰ

方向中误差 1,测边固定误差 1,比例误差 1[,精度号 1]

方向中误差 2,测边固定误差 2,比例误差 2,精度号 2

…,…,…,…

方向中误差 n,测边固定误差 n,比例误差 n,精度号 n

已知点点号,X 坐标,Y 坐标

…,…,…

Ⅱ

测站点点号

照准点点号,观测值类型,观测值[,观测值精度]

…,…,…[,…]

该文件分为两部分:第一部分为控制网的已知数据,包括先验的方向观测精度、先验测边精度和已知点坐标(见文件的第Ⅰ部分);第二部分为控制网的测站观测数据(见文件的第Ⅱ部分),包括方向、边长、方位角观测值。为了文件的简洁和统一,将已知边和已知方位角也放到测站观测数据中,它们和相应的观测边和观测方位角有相同的“观测值类型”,但其精度值赋“0”,即权为无穷大。

第一部分的排列顺序为:第一行为方向中误差、测边固定误差、测边比例误差。若为纯测角网,则测边固定误差和比例误差不起作用;若为纯测边网,方向误差也不起作用,这时可输一个默认值“1”。程序始终将第一行的方向中误差值作为单位权中误差。若只有一种(或称为一组)测角、测边精度,则可不输入精度号。这时,从第二行开始为已知点点号及其坐标值,每一个已知点数据占一行。若有几种测角测边精度,则需按精度分组,组数为测角、测边中最多的精度种类数,每一组占一行,精度号输 1,2,…。如两种测角精度,三种测边精度,则应分成三组。

方向中误差单位为秒,测边固定误差单位为毫米,测边比例误差单位为“ppm”。第一行的三个值都必须赋值,对于纯测角网,测边的固定误差和比例误差可输任意两个数值,如 5,3;对于纯测边网,方向中误差赋为 1.0。已知点点号(或点名,下同)为字符型数据,可以是数字、英文字母(大小写均可)、汉字或它们的组合(测站点,照准点亦然),X、Y 坐标以米为单位。

第二部分的排列顺序为:第一行为测站点点号,从第二行开始为照准点点号、观测值类型、观测值和观测值精度。每一个有观测值的测站在文件中只能出现一次。没有设站的已知点(如附合导线的定向点)和未知点(如前方交会点)在第二部分不必也不能给出任何虚拟测站信息。观测值分三种,分别用一个字符(大小写均可)表示:L—表示方向,以度分秒为单位。S—表示边长,以米为单位。A—表示方位角,以度分秒为单位。观测值精度与第一部分中的精度号相对应,若只有一组观测精度,则可省略;否则在观测值精度一栏中须输入与该观测值对应的精度号。已知边长和已知方位角的精度值一定要输“0”。在同测站上的方向和边长观测值按顺时针顺序排列,边角同测时,边长观测值最好紧放在方向观测值的后面。

如果边长是单向观测,则只需在一个测站上给出其边长观测值。若是对向观测的边,则按实际观测情况在每一测站上输入相应的边长观测值,程序将自动对往返边长取平均值并作限差检验和超限提示;如果用户已将对向边长取平均值,则可对往返边长均输入其均值,或第一个边长(如往测)输均值,第二个边长输一个负数如“−1”。对向观测边的精度高于单向观测边的精度,但不增加观测值个数。

平面观测文件中的测站顺序可以任意排列,一般来说不会影响平差效率和结果,但本软件包还特意提供了观测值文件排序(网点优化排序)的功能,通过优化排序,既有利于网点近似坐标的推算,也可提高解算容量和速度,但一般对于200个点以上的大网或一些特殊网才有较明显的效果。

图B-4为某一测角网的网图,其相应的平面观测文件 *.IN2"的数据格式如下所示。

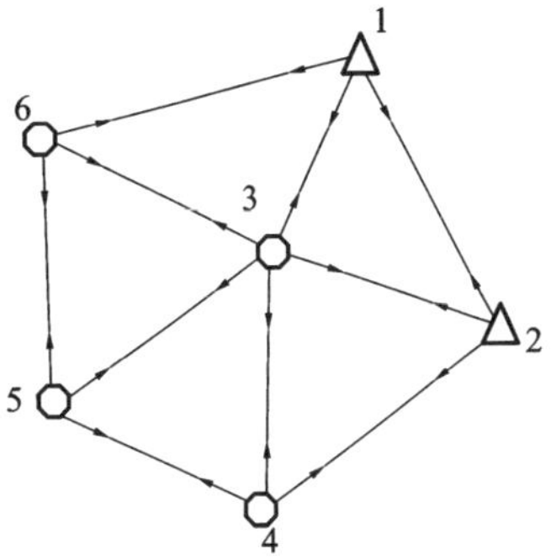

图B-4 测角控制网

IN2文件示例(仅一组精度的情况):

```
0.7,3,3
1,3730958.610,264342.591
2,3714636.8876,276866.0832
1
2,L,0
3,L,27.362557
6,L,83.435791
2
4,L,0
3,L,74.593577
1,L,105.481560
4
5,L,0
3,L,41.334905
2,L,77.283653
5
6,L,0
3,L,58.405347
4,L,155.514999
6
1,L,0
3,L,57.240198
5,L,117.072390
3
1,L,0
2,L,121.345421
4,L,190.403024
5,L,231.554475
6,L,293.313088
```

IN2文件示例(多组精度的情况):

```
1.800,3.000,2.000,1
3.000,5.000,3.000,2
5.000,5.000,5.000,3
k1,  2800.000000,  2400.000000
```

k4, 2100.000000, 3200.000000

……

k1

k2,L,0.0000,1

k5,L, 44.595993,1

k6,L, 89.595993,1

k7,L, 135.000120,1

k4

p5,L,0.0000,2

p5,S, 200.004728,2

p3,L, 90.000031,2

……

②高程观测文件

高程观测文件也是标准的 ASCII 码文件，它的结构如下：

Ⅰ{ 已知点点号，已知点高程值
…，…

Ⅱ{ 测段起点，终点，高差，距离，测段测站数[，精度号]
…，…，…，…，…[，…]

该文件的内容也分为两部分，第一部分为高程控制网的已知数据，即已知高程点点号及其高程值(见文件的第Ⅰ部分)。第二部分为高程控制网的观测数据，它包括测段的起点点号，终点点号，测段高差，测段距离、测段测站数和精度号(见文件的第Ⅱ部分)。

第一部分中每一个已知高程点占一行，已知高程以米为单位，其顺序可以任意排列。第二部分中每一个测段占一行，对于水准测量，两高程点间的水准线路为一测段，测段高差以米为单位，测段距离以公里为单位。对于光电测距三角高程网，测段表示每条光电测距边，测段距离为该边的平距(单位:km)。如果平差时每一测段观测按距离定权，则“测段测站数”这一项不要输入或输入一个负整数(如－1)。若输入了测站测段数，则平差时自动按测段测站数定权。该文件中测段的顺序可以任意排列。当只有一种精度时，精度号可以不输。对于多种精度(多等级)的水准网，第一部分的前面还要增加几行，每行表示一种精度，有三个数据，即水准等级、每公里精度值(单位:mm/km)、精度号。

图 B-5 为某一水准网的水准路线图，其相应的高程观测文件格式如下：

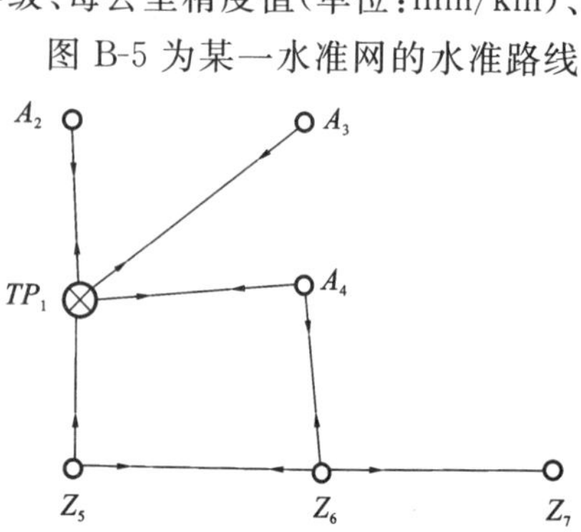

图 B-5　水准网路线图

TP1　100

Z5　TP1　0.0585 1.000

Z5,Z6,0.0683,1.000

Z6,Z5,0.0634,1.000

Z6,A4,0.0683,1.000

Z6,Z7,0.0489,1.000

TP1,A2,0.0320,1.000

TP1,A3,40.1607,1.415

TP1,A4,0.0562,1.000

A3,TP1,－39.8801,1.415

A2,TP1,0.0732,1.000

A4,Z6,0.0780,1.000

A4,TP1,0.0683,1.000

下面给出按距离定权、按测站数定权和多等级水准网的高程观测文件的数据结构。

a.按距离定权

S0,219.9592

N2,212.5328

N1,S246,24.8433,0.612

N1,S0,62.8298,0.858

N1,N0,50.7066,0.525

N0,S2,34.7798,0.690

N0,N2,4.6745,0.183

….

b.按测站数定权

9568,30

9584,9568,－1.96985,0.10670,4

9568,9567,3.02405,0.07920,2

9567,9566,－0.29515,0.05200,2

9568,9584,1.97090,0.10480,4

9584,9585,1.63340,0.10280,2

…

c.多等级水准网(－1表示不按测站数定权)

1, 1.000,1

2, 2.000,2

3, 3.000,3

BM1, 120.000000

BM3, 140.000000

BM1, BM2, －19.9942, 20.000,－1,1

BM2, BM3, 40.0073, 24.000,－1,1

BM3, BM4, 10.0314, 30.000,－1,2

BM2, BM5, 30.0088, 23.000,－1,2

BM3, BM5, －10.0314, 27.000,－1,3

(2)控制网平差

准备好控制网观测文件以后,即可进行平差处理。但在平差前,一般还需要对平差过程中的某些参数进行设置,如平差迭代限值,边长定权公式,精度评定时是使用先验单位权中误差还是后验中误差,是否作网点优化排序,是否作观测值概算,是否设置用边长交会推算网点近似坐标等。设置是通过COSAWIN的“平差”主菜单下的“设置”来完成。如果控制网的范围较小,高程变化也较小,且为独立的工程坐标系,已知点的Y坐标值较小(如在

10 km 以下)，或者平面观测文件中的观测值已经经过了各种归化改正，则可直接进行平差处理。如果控制网的已知点坐标是国家 54 或 80 坐标系下的坐标，且 Y 坐标值较大(即测区离中央子午线较远)，平面观测文件中的边长、方向值也没有经过概算，则需要利用 COSAWIN 的概算功能对方向和边长观测值进行三差改正以及归化和投影改正，然后才能进行平差。这里需要说明的是，COSA-HC 子系统已对边长观测值作了加乘常数改正、气象改正以及斜距化平计算。

平差时，只需在主菜单中用鼠标单击“平差”，则会弹出下拉菜单。下面对平面网和高程网平差进一步予以说明。

①平面网平差

如果观测文件中的边长、方向观测值需要进行改化计算，则须先在“平差”栏的“设置与选项”中进行相应选择，并在“平差”栏中激活“生成概算文件”。

形成概算用文件后，用鼠标单击“平差”栏中的“平面网”或单击工具条中平差快捷键，主菜单窗口弹出如图 B-6 所示的对话框。在该对话框中选择并打开要进行平差的平面观测值文件，将自动进行概算、组成并解算法方程、法方程求逆和精度评定及成果输出等工作，平差结果存于平面平差结果文件“网名. OU2”，并自动打开以供查看。

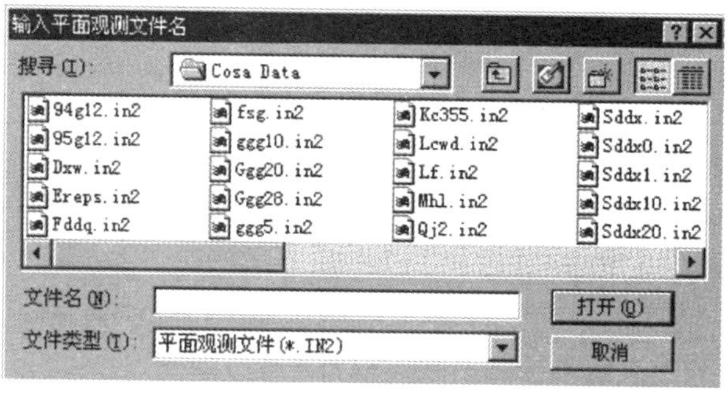

图 B-6　选择观测文件对话框

在平差过程中若出现迭代次数多且不收敛的情况，或出现其他提示，平差不能继续进行，首先应检查平面观测文件是否有大的错误。若平差结果文件的后验单位权中误差显著偏大(例如是先验单位权中误差的 1.5 倍以上)，则应怀疑观测值可能含有粗差。对于观测值粗差，可以查看观测值改正数的大小并调用“工具”栏中“闭合差计算”菜单项，检查闭合差是否超限。对于图形结构较好，多余观测数较多的网，还可调用“粗差探测”功能，探测和剔除粗差。

②高程网平差

用鼠标单击“平差”栏中的“高程网”，或单击工具条中的快捷键，主菜单窗口将弹出如图 B-7 所示的对话框。在该对话框中选择并打开要进行平差的高程观测值文件，将自动进行高程网平差、精度评定及成果输出等工作。平差结果存于高程平差结果文件“网名. OU1”中，并自动打开以供查看。通过查看和分析后验单位权中误差值以及高差观测值的改正数，可以判断观测值和平差结果的质量；同样也可以调用“工具”栏中“闭合差计算”功能菜单，检查各水准环线的闭合差是否超限。

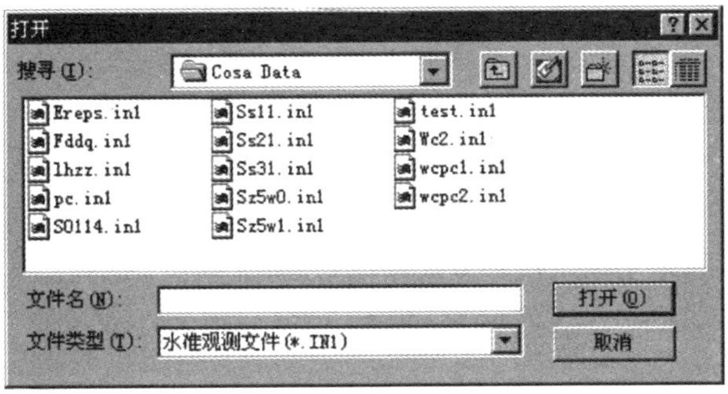

图 B-7　高程观测文件打开窗口

B.4　平差设置

平差设置界面如图 B-8 所示，包括了三个开关选择框、两组单选按钮设置框和一个编辑框。开关选择框用来确定某项功能的开或关，用鼠标单击左边的方框可以设置开关选择框的开关状态，当方框中有"√"标识符时，则表示该选择框处于"开"状态，否则为"关"状态。对于一组单选按钮设置框，一次只能选中其中的某一项，选中项的左侧圆圈中会出现一个黑点。

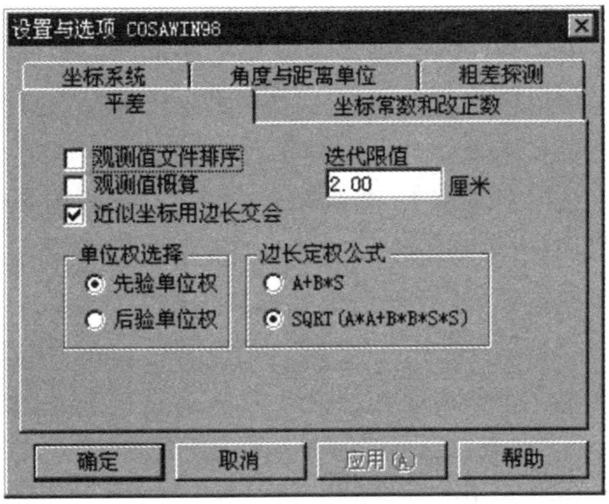

图 B-8　平差设置窗口

(1)观测值文件排序

当该选项处于选中(开)状态时，则表示平差前先要对原始观测文件进行优化排序，否则表示平差前不排序。这项选择一般适合于大型网(点数>500)或特殊网。对于大型网，观测值文件优化排序后，可以提高平差计算速度。此外，通过该项选择，对于较复杂的网，点的近似坐标计算会有影响，如增减迭代计算次数，迭代收敛或不收敛等。因此是否选择此项，可通过试算确定。

(2)观测值概算

当该选项处于"开"状态时，则表示在平差前首先要对原始观测值进行概算。

若要进行概算，需要首先在"平差"栏中点击"生成概算文件"，并对该文件作必要编辑。若不进行概算，则关闭该项。

(3)近似坐标用边长交会

当该选项处于“开”状态时，表示推算近似坐标用边长前方交会，否则在推算近似坐标时不使用边长交会。这项选择适用于只有少量方向的边角网或混合网，对于单纯的测边网，必须打开该项，否则网点近似坐标推算将不能进行。

这里需要说明的是：由于边长交会的二义性，当交会某一点的边只有两条时，交会出的点可能是错误的，这时可以采用以下两种方法加以解决：

①建立一个网形信息文件，文件名为“网名.NET”，该文件为标准 ASCII 文件，可以使用任意文本编辑器形成，其格式为：

点名 1，点名 2，点名 3

点名 1、点名 2、点名 3 为边长交会三角形的三个顶点，按逆时针方向排列，每一个三角形组合占一行。

②建立一个交会点的概略坐标文件，文件名为“网名.XYO”，其格式为：

点名　概略坐标 X_0　概略坐标 Y_0

概略坐标可以很粗糙，且只需要有二义性的交会点。为了避免上述问题，布设纯测边网时，最好不要采用单三角形，应多增加跨三角形的长边，每个网点至少有三条边通过，这样可减少边长交会的二义性。

(4)单位权选择

该选项是用来设置系统在进行精度评定时是使用先验单位权中误差还是使用后验单位权中误差，用鼠标单击“先验单位权”按钮，则设置使用先验单位权中误差；用鼠标单击“后验单位权”按钮，则设置使用后验单位权中误差。当多余观测数较多时，使用后验单位权中误差较好。当多余观测数很少(例如小于 8)时，则用先验单位权中误差为宜。在平差结果文件“网名.OU2”中的最末部分，有先验和后验单位权中误差信息，若两者相差较大，对于边角网或有多组精度的网，已知坐标或观测值中可能含有粗差，或边角精度不匹配。若后验单位权特别大，则首先应怀疑观测值文件有错误，或者近似坐标推算出错。

(5)边长定权公式

该选项是用来设置系统在平差时采用什么公式来确定边长观测值的中误差，本系统中提供了两种边长定权公式：

一种计算边长中误差的公式为：

$$\sqrt{A^2+B^2\times S^2}A+B\times S$$

另一种计算边长中误差的公式为：

$$\sqrt{A^2+B^2\times S^2}$$

式中，A、B 分别为测距仪的固定误差和比例误差，取自“网名.in2”文件；S 为边长值，单位为公里。由于边长定权公式不同，平差结果有一定差别，可以用“工具”中的“叠置分析”进行比较。系统的缺省设置是使用后一种定权公式。

(6)平差迭代限值

平差迭代限值是平差迭代计算中最大的坐标改正数限值，COSAWIN 系统的缺省值为 10 cm。若需要改变此项设置，可以直接在编辑框中输入所要设定的值。当最大坐标改正数小于限值时，停止迭代，进行平差精度评定。对于精度要求很高的网，可将平差迭代限值设置得小一些(如 1 cm)。如果平差迭代计算中最大坐标改正数很大且不收敛,则应考虑观测文件的数据有错,或推算近似坐标出错。

设置完上述相应的选项后,用鼠标单击“确认”或“应用(A)”按钮,则接受更改的设置,否则单击“取消”按钮放弃更改的设置而保持以前的设置(以后各项设置的确认和取消操作和此处相同)。

B.5　图形显绘

显绘平面网网图。单击“工具”栏中的“网图显绘”或单击工具条中的快捷键,主菜单窗口弹出选择网图信息文件对话框。在该对话框中选择并打开所需要的网图显绘文件“网名.MAP”(该文件是在对控制网平差时自动形成的),则会自动在窗口显绘该控制网的网图。用鼠标单击主菜单窗口“查看”,弹出如图 B-9 所示的下拉菜单,同时在工具条中,对网图操作的一些工具按钮也被激活。可对网图进行包括放大、缩小、窗口放大、恢复前级以及误差椭圆的显绘、控制网点的显绘和按等比例尺还是变比例尺显绘等功能的操作。其中变比例尺显绘功能主要用来放大隧道网的横向显示范围。单击工具条中的“打印”快捷键,可从打印机输出网图(应预先设置好打印机)。

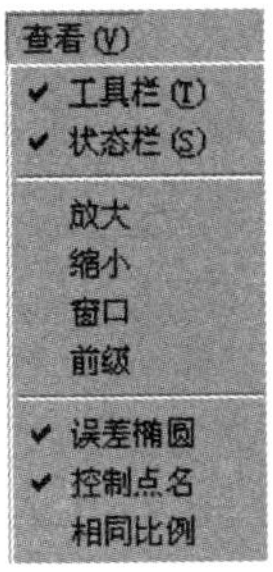

图 B-9　下拉菜单

B.6　报表输出

在 COSAWIN 系统中,为提供各种整齐、美观的数据报表,设计了报表输出程序,电子记录的原始观测数据(一维水准及二、三维控制)和平差结果的表格化输出,不仅更加直观、易读,且与目前常用的人工记录手簿格式更加接近。下面将对各项报表操作加以说明。

用鼠标单击“报表”栏中“原始观测值”菜单项,其下有“平面高程网”和“高程网”两项子菜单,分别用于输出二、三维控制原始观测数据报表和一维水准原始观测数据报表,下面分别予以说明。

(1)一维水准原始观测数据报表

在进行一维水准原始观测数据报表输出前,应保证在当前目录下已存在如表 B-1 所列三个文件。

表 B-1　水准网平差数据文件

序号	文件名	文件意义
1	网名.SZ0	水准原始观测数据文件
2	网名.SFM	水准手簿封面说明文件
3	网名.SDM	点号及代码对照表文件

其中,文件“网名.SZ0”为水准原始观测数据文件,该文件直接由 COSA-HC 的电子手簿和通信程序将数据从电子手簿通信传输到微机中自动形成,其格式参见软件使用说明手册。文件“网名.SFM”为水准手簿封面说明文件,存放水准网的一些的常用信息,该文件若不存

在，形成报表时将不添加封面。该文件为ASCII码文本文件。文件“网名.SDM”为点号及代码对照表文件，存放点号的对应点名以及天气、云量等代码说明信息。这些内容均是在输出水准原始数据报表时，在每页的表头上用到。该文件也是ASCII码文本文件。

当上述三个文件都已存在时，就可以进行一维水准原始观测数据报表输出，其操作步骤如下：在“报表”菜单栏中点击“高程网”，选择所需要的水准原始观测文件(SZ0文件)，系统将自动生成一维水准原始观测数据报表文件，文件名为“网名.TA1”。该文件为标准的ASCII码文本文件，并带有分页符，可用任一文本文件编辑器阅读或打印，打印时可以自动换行和分页。每测段水准数据打印完后，会自动打印测段高差、路线总长、前后视距的累积差。

由于该文件中没有包含任何版式信息，若希望在报表输出时打印不同的字体，则需要将该文件调入如WPS或Word等具有排版功能的编辑器中进行处理后再输出。

(2)二、三维控制原始观测数据报表

在进行二、三维控制原始观测数据报表输出之前，应保证当前目录下已存在如表B-2所列的两个文件。

表B-2　二、三维控制测量平差数据文件

序号	文件名	文件意义
1	网名.PG0	二、三维控制原始数据文件
2	网名.PFM	二、三维控制手簿封面说明文件

文件“网名.PG0”为二、三维控制原始数据文件，该文件直接由COSA-HC和通信程序将数据从电子手簿通信传输到微机中自动形成。其格式参见相应的COSA-HC使用说明手册。文件“网名.PFM”为二、三维控制手簿封面说明文件，存放二、三维网的一些常用信息。该文件为ASCII码文本文件。

当上述两个文件都已存在时，就可以进行二、三维控制原始数据报表输出，其操作步骤如下：在菜单“报表”栏中点击“平面高程网”，选择所需要的原始文件(PG0文件)，系统自动生成二、三维控制原始数据报表文件，文件名为“网名.TA2”。该文件为标准的ASCII码文本文件，可以使用任何文本编辑器进行浏览和打印。其内容包括方向观测值表、距离观测值表、天顶距观测值表、测站平差结果表。

由于该文件中没有包含任何版式信息，若希望在报表输出时打印不同的字体，则需要将该文件调入如WPS或Word等具有排版功能的编辑器中进行处理后再输出。

(3)平差结果报表

在“平差结果”菜单栏下有“平面网”和“高程网”两个菜单项，分别用于生成平面网和高程网平差结果报表，下面分别予以说明。

①高程网平差结果报表

在进行高程网平差结果报表输出前，应保证在当前目录下存在如表B-3所示的三个文件。这三个文件都是标准的ASCII码文本文件，可以直接使用COSAWIN的文本编辑器查看。

文件“网名.OU1”中存放一维平差结果，它由COSAWIN自动生成。文件“网名.CV1”中存放一维平差结果表封面所需要的有关信息，该文件若不存在，则在输出报表时将不添加封面信息。文件“网名.NM1”中存放一维网的点号和相应的点名，以便在输出报表时自动输出点名。

表 B-3　水准网平差成果文件

序号	文件名	文件意义
1	网名.OU1	一维平差结果文件
2	网名.CV1	一维平差结果封面文件
3	网名.NM1	一维平差结果点名文件

当上述三个文件都已存在时，就可以进行高程网平差结果报表输出，其操作步骤如下：在“报表”菜单栏中的“平差结果”下点击“高程网”选择所需要的高程平差结果文件(OU1 文件)，系统自动生成高程网平差结果报表文件，文件名为“网名.RT1”。该文件为 ASCII 码文本文件，且已加入自动分页符。该文件中没有包含任何版式信息，若希望在报表输出时打印不同的字体，则需要将该文件调入如 WPS 或 Word 等具有排版功能的编辑器中进行处理后再输出。

②平面网平差结果报表

与高程网类似，平面网平差结果报表输出前，也应存放如表 B-4 所示的三个文件。这三个文件都是标准的 ASCII 文本文件。

表 B-4　平面控制网平差成果文件

序号	文件名	文件意义
1	网名.OU2	二维平差结果文件
2	网名.CV2	二维平差结果封面文件
3	网名.NM2	二维平差结果点名文件

文件“网名.OU2”中存放二维平差结果文件，由 COSAWIN 自动生成，可以直接使用 COSAWIN 的文本编辑器查看。文件“网名.CV2”中存放二维平差结果表封面所需要的有关信息，该文件若不存在，在输出报表时将不添加封面信息。文件“网名.NM2”中存放二维网网点点号和其相应的点名对照关系，以便在输出报表时自动输出点名。

当上述三个文件都已存在时，就可以进行平面网平差结果报表输出，其操作步骤如下：在“报表”菜单栏中的“平差结果”下点击“高程网”选择所需要的平面网平差结果文件(OU2 文件)，系统自动生成平面网平差结果报表文件，文件名为“网名.RT2”。该文件为 ASCII 码文本文件，且已加入自动分页符。该文件中没有包含任何版式信息，若希望在报表输出时打印不同的字体，则需要将该文件调入如 WPS 或 Word 等具有排版功能的编辑器中进行处理后再输出。

参 考 文 献

[1] 聂俊兵.测量平差实训指导书[M].北京:测绘出版社,2011.

[2] 葛永慧,夏春林,魏峰远,等.测量平差基础[M].北京:煤炭工业出版社,2007.

[3] 纪奕君.测量平差[M].北京:煤炭工业出版社,2007.

[4] 靳祥升.测量平差[M].郑州:黄河水利出版社,2005.

[5] 刘仁钊.测量平差[M].武汉:武汉大学出版社,2013.

[6] 同济大学大地测量教研室,武汉测绘科技大学控制测量教研室.控制测量学[M].北京:测绘出版社,1988.

[7] 武汉大学测绘学院测量平差学科组.误差理论与测量平差基础[M].武汉:武汉大学出版社,2003.

[8]聂俊兵.测量平差[M].北京:测绘出版社,2010.